やまだ農園の里山農業

懐かしい未来を求めて

山田 晃太郎・山田 麻衣子・中島 紀一

田んぼを泳ぐ長女の花

茅葺き屋根に集うやまだ農園の仲間たち

田植え会の様子

まえがき

この本は茨城県石岡市の旧八郷町で、2017年に新規就農した私たち「やまだ農園」の取り組みをまとめたものです。私たちは「命育む水辺を目指す田んぼ」、「草原を目指す畑」、「里山復活を目指す落ち葉集め」、「人がつながる農園へ」を柱として、自然と共にある農業を志し、日々、野良仕事に励んでいます。2019年には茅葺き家屋を譲り受け、茅葺き屋根の保全に取り組みつつ、ここを農業の拠点にして活動しています。

2022年７月、私たちの一年間を追ったドキュメンタリー「筑波山麓KAYABUKIライフ～懐かしい未来～」がNHK-BSプレミアムで放送されました。番組はプロデューサー・白木芳弘さん、ディレクター・山田礼於さん、カメラマン・長田勇さんが制作。企画段階から２年以上にわたり、茅葺き屋根の葺き替えに向けた取り組みを中心に、私たち家族の農家暮らしの日常を丁寧に追っていただきました。英語版「Thatched Living：A Nostalgic Future」も放送され、こちらはNHK WORLD-JAPANのウェブサイトや、YouTube内にある「NHK WORLD-JAPAN」のチャンネルで公開中です。私たちが取り組む、自然と共にある農業の姿を垣間見られます。ぜひご覧ください。

私たちの農業の歩みは、茨城大学農学部で、本書の共著者の中島紀一先生との出会いから始まりました。そこではたくさんの仲間たちと、耕作放棄田んぼの再生活動に取り組みました。地元の小学生と一緒に田んぼづくりをしたり、餅つきをしたり、掘っ建て小屋をつくったり。農ある暮らしの楽しさと豊かさを体感し、それをどうやってたくさんの人に伝えられるのかを考える時間になりました。

間もなく新規就農してから丸６年を迎えます。あっという間でしたが、自分たちの未熟さを思い知る６年間でもありました。季節を先取りしながら動かなければいけないのが農家ですが、野良仕事は常に後手に回っています。野菜が草に埋もれて、草取りすらあきらめて、収穫まで至らないこともあります。イノシシ対策が遅れ、米をイノシシに全て食べられてしまうこともありました。稲作や野菜づくりに関しては、失敗５割、まずまず３割、上出来２割といった具合です。

しかし、失敗続きの中でも、得るものはいろいろありました。一つは自然と共にある農業の道筋が見えたこと。そして、たくさんの人のつながりがうまれ、茅葺き屋根を葺き替えるという、就農前には全く考えもしなかった充実した時間を過ごせていることです。長い長い農業人生はまだ始まったばかりですが、先人たちの伝統を受け継ぎながら、地域の自然や文化と共に歩んでいく、確かな一歩を踏み出せました。

コロナ禍を経て、いま田園回帰や新規就農、有機農業、自然農法、家族農業などへの関心が高まっています。本書が茅葺き屋根や自然と共にある農業に関心のある方々に広く参考いただければ幸いです。

2023年９月３日　山田晃太郎・麻衣子

目　次

第Ⅰ部　自然と共にある農業を目指して

山田 晃太郎・山田 麻衣子

1.「懐かしい未来」を目指して：やまだ農園紹介

茨城県石岡市の旧八郷町で農家になって６年目を迎えました。８歳の長女・花と４歳の二女・かや、０歳の三女・春、夫婦二人の５人家族で、季節に追いかけられながら、野良仕事に励んでいます。

2016年春、独立自営の農家を目指し、会社員・専業主婦という生活を辞めて、茨城県笠間市にあるNPO法人「あしたを拓く有機農業塾」の涌井義郎先生のもとで農業研修を始めました。当時、長女は１歳。八郷町から隣町の研修先まで通う日々です。研修は農場での畑仕事や出荷作業の他、土壌や植物の生理を学ぶ座学も充実しています。こうして１年半にわたって農業技術の基礎を学んだ後、2017年11月に独立しました。

私たちが暮らす旧八郷町恋瀬地区は、筑波山地北端の山々の麓に広がる里山集落です。自然に寄り添った、たくさんの生き物と共に生きる農業を目指して、無限にあるヤマの落ち葉の活用を軸に、雑草や緑肥など植物の力を生かした土作りに取り組

家族みんなで畑で記念撮影

んでいます。現在は田んぼ80アール、畑２ヘクタール、山林70アールを借りています。販売は、「旬の野菜セット」を届ける提携を中心として、2018年６月に30軒ほどの方々に野菜を届けるところからころからスタートし、今は100軒ほどにお届けしています。

やまだ農園はたくさんの人と一緒に、みんなで農業をしています。就農以来、子どもが通う保育園を中心に、たくさんの仲間が生まれました。このたくさんの仲間が、やまだ農園の宝物です。仲間みんなで、田植えや稲刈りはもちろん、柏餅づくりや生き物観察会、味噌仕込み、落ち葉集め、踏み込み温床づくりなど、たくさんの野良仕事を楽しみます。

６月に開く田植え会は、計４日間でのべ150名ほどの方々と一緒に作業します。３才から80才まで、老若男女が一列に並んで、長さ30センチほどの大きな苗を疎植一本植え。子どもたちが田んぼの中を泳ぎ出し、泥まみれになると、笑い声が響きます。小さな棚田が活気あふれる４日間です。

私たちも学生時代の田んぼづくりの経験が、農業とじかに触れあう第一歩でした。イベントとして農業を体験するのではなく、たくさんの人が、農業を日常のごく一部として暮らしの内側に取り入れてもらいたい。農ある暮らしが持つ豊かな世界を、農家だけではない、たくさんの人と分かち合いたい、そう願っています。

私たちの原点は、夫婦ともにお世話になった、茨城大学農学部の「うら谷津再生プロジェクト」です。このプロジェクトは2004年にスタート。大学のキャンパス近くの耕作放棄谷津田「うら谷津」の再生を目指す取り組みです。

地元小学校・聾学校の子どもたちと共同で行う田んぼづくりを軸に、不耕起・自然栽培での畑づくりを地元農家から学んだり、小屋を建てたり、みんなで味噌を仕込んだり。農に根差した暮らしがどれほど大切か、面白いかを学んだ時間でした。みんなで作業をして汗をかき、みんな一緒に野良でご飯をつくって、和気あいあい、おいしくいただく——やまだ農園の日常の風景は、うら谷津からずっと続いています。

みんなで作るお盆の行事食「ばらっぱ餅」

田んぼや畑で仕事をしていると、たくさんのお年寄りに声を掛けていただきます。一緒に休むときに聞く話は興味深いことばかり。少し前までは馬車で山に分け入り、集めた落ち葉を田んぼに入れてすきこんでいたこと。山の沢水を集落まで共同で引いて飲用水にしたこと。集落には茅葺き屋根に使う茅場があったこと。

外から移住してきた私たちが、いきなり農業ができるのも、地域の方々が長い年月をかけて積み重ねてきた、農を中心とした丁寧な暮らしの営みがあったからこそと実感します。

こうした地域の方々のご縁で譲り受けることになったのが、近くの茅葺き家屋です。昭和ひとケタの時代に、養蚕を営むために建った家は、現在では数少なくなった茅葺き屋根。９×５間の大きな母屋で、中には囲炉裏が２か所あります。周辺には田んぼ、畑、山林もあり、里山と農業と暮らしが結びつく、筑波山麓地域を代表するような空間です。やまだ農園では、現在、この茅葺きの家を拠点に農業に取り組んでいます。

茅葺き屋根は、ススキや竹、稲わら、麦わら、杉皮など、身近な自然素材から作ったものです。私たちが作る畑は、耕していると縄文土器が出てくることがありますが、縄文土器を使っていた古代の人たちも、身近な自然素材で作った家に住んでいたことでしょう。この茅葺き屋根は、数千年前から、身近な自然に寄り添いながら生き続けてきた、地域の人々の暮らしが息づくシンボルです。

私たちは、この家を、地域のお年寄りが伝えてきた、農ある暮らしの豊かさを発信する場所に育てていきたいと考えています。そのために、2021年２月、NPO法人「八郷・かや屋根みんなの広場」を立ち上げました。身近な自然素材を集めながら茅葺き屋根を守っていくことや、昔の暮らしの体験を通じて、みんなで「懐かしい未来」を生み出していくのがこれからの大きな目標です。

譲り受けた茅葺き家屋

■コラム①：有機農業の里「八郷町」

私たちが暮らす石岡市は茨城県のほぼ中央に位置し、たいへん自然豊かな地域です。日本第２位の面積を誇る湖「霞ヶ浦」、そして筑波山を中心とした山々が連なる筑波山地に面しています。筑波山地に囲まれた旧八郷町は、日本でも有数の有機農業の里です。2023年にはJAやさと有機栽培部会が、第52回日本農業賞大賞を受賞しました。

八郷町での有機農業の歴史は半世紀近くにわたります。1974年に消費者が自ら安心安全な食べ物を作ろうと有機農業に取り組む「たまごの会」が結成され、その歩みがスタート。1997年に八郷農協に有機栽培部会が発足、1999年には同農協が有機農業を志す新規就農者の研修制度を立ち上げ、有機農業が地域に根付く大きな動きとなりました。現在は農協出荷の他、消費者に野菜を直接届ける「提携」に取り組む農家など、さまざまな形態の有機農業者が数多く集まっています。私たちのような新米農家が日々暮らしていく中でも、頼もしい先輩がたくさんいることが、大きな支えになっています。

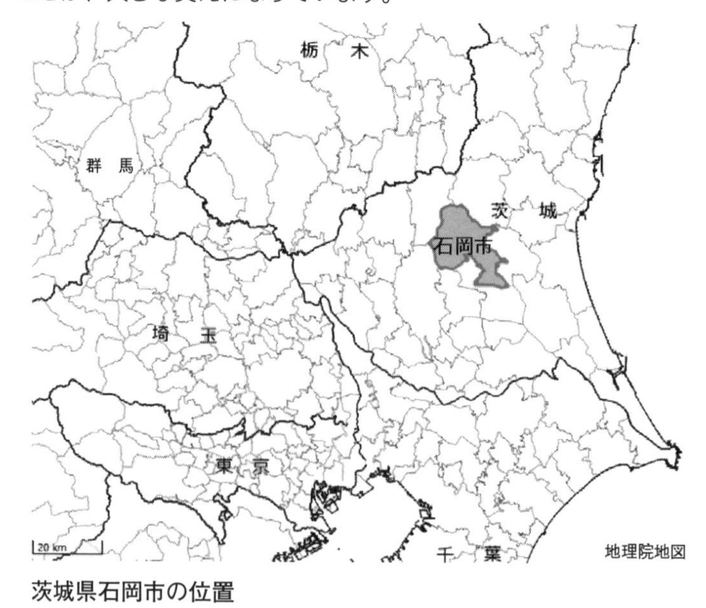

茨城県石岡市の位置

■コラム②：私のうら谷津

私たちの原点、うら谷津。うら谷津はそのまま中島研究室とも言えます。研究室には、娘さんが描いたチェゲバラのシルクスクリーンや、宮沢賢治の「世界がぜんたい幸福にならないうちは個人の幸福はあり得ない」の型染めが飾られていました。

ここで学んだことは数知れませんが、とりわけ難解だったことは、地域活動をするうえで、その時々変わる状況の中で、より良い選択をするという考え方です。より良い選択をするというのは分かり易いのですが、状況が変化していることを見抜くのが難しく、悩んだことを思い出します。この時学んだ、状況第一主義とでも言いいましょうか、この考え方が、お天気相手の農業や、様々な案件が飛び込んでくるNPOの活動に大いに役立っています。

そして、うら谷津。ここでの気づきは、とても面白いものばかりでした。まず一枚の田んぼを先輩たちと作りました。ちょうどその年は、空梅雨。小川を堰上げしても、水が足りなくて困りました。何とか水は無いものかと、田んぼの周りを歩き回り、ふと、平地林の田んぼにつづく斜面を竹棒でつついてみました。すると、なんと水が出てきました！驚きの大発見！！地権者の方に聞いてみると、昔、皆で耕していた頃は、共同で平地林に集水堀を掘って、田に水を引いたと言うではありませんか！山を歩いてみると、確かに堀の跡が残っていてびっくり！

関東ローム層で覆われた台地に発達した小さな谷、谷津田。高低差はおおよそ２メートル。深く掘っては流れが止まるので、浅い溝を巧みに掘り、田んぼを潤しました。私たちは、田んぼ一枚だったから何とか頑張れたものの、うら谷津は、田んぼ３ヘクタールが広がります。昔の人たちの知恵と体力、そして気力のすごさに触れた経験でした。

茨大農学部がある阿見町には、こうした谷津田が、当時約170本ありました。そして、谷津田を潤す水こそが、霞ヶ浦の水源そのものであることを知ったのです。田んぼを作るという人々の営みが、霞ヶ浦の豊かな自然を育んでいるというスケールの大きさに心高揚したことを今も忘れません。

2．茅葺きとの出会い：茅葺き①

茅葺きと出会ったのは2018年10月、農家一年目の時でした。長く農業を続けられるような農家住まいを探していた私たちは、近所の方の紹介で家を訪ねてビックリ。なんと茅葺き屋根でした。茅葺きというと、「特別な屋根」という印象があるのみでした。これまで茅葺きと交わることのなかった私たちにとっては、まったくの未知との遭遇でした。

それでも、八郷町は関東地方でも茅葺き屋根が数多く残っている地域です。茅葺き家屋を守るため、家主が集まり作った「やさと茅葺き屋根保存会」もあります。さっそく同保存会や、恩師の中島先生、近所のおじいちゃん、おばあちゃんに相談しました。

話を聞く中で、茅葺き屋根は、人間が長く暮らし続けてきた中で「最も普通の屋根」の１つだということが分かってきました。この八郷でも、ほんの50年前まではごくありふれていたとのことです。屋根を守るためにはたくさんの苦労があることは分かっていましたが、これま

筑波山麓の風景に溶け込む茅葺き屋根

でも続いてきたのだから、これからも続けられるに違いないとの思いから、引き継ぐことを決心しました。

餅をつく安藤邦廣さん（中央）と上野弥智代さん（右）

茅葺きは、私たちの世界をぐっと広げて、たくさんの人と出会わせてくれました。同じ八郷で長くブドウを栽培する大場克巳さんもその一人です。1938年生まれの大場さんは、20代のころ、山梨でブドウ栽培を学び、観光ブドウ園を立ち上げました。やさと茅葺き屋根保存会の会長も務め、家は茅葺き屋根です。訪れるたくさんの人に、茅葺き屋根の素晴らしさを発信し続けています。敷地内では、納屋を活かして昔の農具を展示する資料館を作り、自ら雑木林を育てています。冬に欠かせない掘りごたつは、剪定枝を燃やして作った熾火(おきび)を入れて暖を取っています。大場さんの日常が、今はもう数少なくなった、里山の自然と共にある暮らしの素晴らしさを私たちに伝えてくれます。

大場克巳さんと共に

日本茅葺き文化協会の安藤邦廣さん、上野弥智代さんにもたくさんのことを教えてもらっています。このお二人は日本各地の茅葺き屋根に精通されておられて、出会ってから多くのアドバイスをいただきました。

茅葺きの保全は屋根だけを守っていても未来がないこと。地域の農業や自然の一環として、そして囲炉裏を使うような暮らしの一部として、茅葺き屋根が位置付くことが何よりも重要で、私たちの取り組みには大きな意義があると教えてもらいました。私たちのような新米農家が茅葺きに携わることは、苦しいことやくじけることも多いですが、このエールを胸に頑張っています。

2022年2月、同協会が私たちの茅葺き家屋で、屋根仕事を学べる茅葺きワークショップを開きました。このワークショップを通じて出会った茅葺き職人が、御手洗崇行さんです。同年代の御手洗さんは、同じ筑波山麓地域で、新規就農で平飼い養鶏を手掛ける家に育ったということもあり、はじめから意気投合。仲間の一員として、屋根仕事を手掛けていただいています。

屋根仕事を御手洗さん（右）から教わる牧田さん

御手洗さんの仕事ぶりは見事というほかありません。己の体一つで、さまざまな道具を使いながら、屋根を作っていきます。屋根葺きは、身近な植物を屋根に載せて留めるという非常にシンプルな工程です。しかし、素材の植物は生き物で、同じものはないため、作業はたいへん複雑です。

御手洗さんは茅葺き屋根という自然と向き合い、その複雑さを複雑なまま受け止めながら、黙々と手を動かします。人という生き物が、地域の自然の一体として、長い年月をかけて積み重ねてきた、日々の暮らしの豊かさや美しさが、御手洗さんの手仕事に表れています。

屋根仕事には、石岡市地域おこし協力隊を経て、若手茅葺き職人として修業中の牧田沙弥香さんも加わりました。茅葺き職人を目指す若者の心意気に、みな刺激を受けて、現場は活気づき、仕事はぐんとはかどります。

作業は、御手洗さんが牧田さんに教えながら進んでいきます。その姿を見ていると、人が培ってきた自然と共にある暮らしの一つが、確かに伝わっていく様子が分かります。茅葺きの場が、懐かしい未来を作り出している瞬間の１つでした。

■コラム③：やさと茅葺き屋根保存会

八郷町は実際に人が暮らしている茅葺き民家が数多く残る地域です。里山の原風景である茅葺き民家を後世に伝えようと、2004年に地域住民が「やさと茅葺き屋根保存会」を設立しました。茅葺き家屋の家主の他、茅葺き職人や一般市民が参加。ボランティアを募りながら、茅刈りなど茅葺き屋根の維持に向けたさまざまな活動をしています。

この取り組みの中心にいるのが、フリーライターの新田穂高さんです。1998年に八郷町に家族で移り住み、茅葺き古民家で暮らし始めます。保存会の立ち上げから関わり、長く事務局として会を盛り上げています。『楽しいぞ！ひと昔前の暮らしかた』（岩波ジュニア新書)、『ぼくたちの古民家暮らし』（宝島社新書）などの本で、茅葺き民家での暮らしの面白さを伝えています。

保存会は冬の茅刈りが主な活動です。かつて集落ごと行っていた茅刈りがなくなり、個人で葺き替えに必要な茅を全て刈り集めるのは至難の業です。そのため保存会の会員の家主やボランティアなどが協働で近隣の茅場で刈り集め、必要な家に分配しています。2022年度の冬は、11日間の作業でのべ156人が参加。合計1273束もの茅を刈り集めました。

トラックに載せたカヤの上に乗って遊ぶ子どもたち

一方で、八郷町内でも茅葺き家屋は減少の一途をたどっています。現在は40軒ほどになり、年々、数を減らしているのが実情です。茅葺き屋根は、人間が地域の自然と共に生き続けてきた、筑波山麓の豊かな里山のシンボルです。地域みんなの宝物として次代につながるよう、新田さんに教わりながら、私たちも保存会の一員として力を尽くします。

３．みんなでつくる茅葺き屋根：茅葺き②

「御手洗さんありがとー！」、「御手洗さんまた来てねー！」。葺きあがった屋根の上にみんなで上がり、歓喜の声を上げました。みんなで準備を進め、みんなで作り上げた屋根。屋根の上からの絶景に、思わず声が出てしまいました。ここに至るまで２年半にわたって、仲間みんなで準備を進めてきました。

茅葺きに関わるようになって最初に始めたことが、屋根の材料「ススキ」を集めることです。「茅（かや）」は、屋根に使う植物の総称で、私たちの地域では主にススキを使います。屋根は雨漏りこそなかったものの、素人目にも、北面を中心に痛みがひどい状況でした。屋根を直すにはたくさんの茅が必要です。ところがどこでススキを刈り集め

歓喜の声を上げる屋根仕事に携わった仲間たち

られるのか、皆目見当がつきません。道沿いに、畑の縁に、一株、二株あるのは見かけますが、それではとても足りません。周りの人に相談をすると、知人が福島県喜多方市山都町にたくさんあると教えてくれました。知人から地元の方に話を通してもらい、2019年秋、初めての茅刈りに出かけました。片道4時間、日帰りの弾丸茅刈りツアーです。

それからはどこへ行ってもススキ原を探す日々。2020年初秋、八郷町内の休耕田で、たくさんのススキを見つけたときの喜びは他に変えられません。40アールほど広がっています。まさに茅場と呼べる場所でした。ここで、冬に仲間みんなで茅刈りを行っています。

茅刈りはススキを刈り払い機で刈り倒し、これを集めて紐で束ねる

刈り払い機でススキ刈り倒しながら進む茅刈り

というもの。束ねたり車に積み込んだりする作業は、人手が必要です。茅葺き屋根の維持に必要なのは、お金ではなく、茅場という自然と、たくさんの人がかかわるコモンズだと実感します。

その後も杉を倒して杉皮をはいで集めたり、真竹を切り出したり、季節に応じて材料集めをみんなで行いました。集めたススキは２トン車で20台ほどにもなります。そして材料が集まった2022年、２～３月に南面、12月に北面の補修作業「差し茅」を行いました。古い茅を活かしながら、新しい茅を屋根に差し込んでいく補修です。

作業は足場づくりからスタート。現代では単管パイプで組み立てるのが普通ですが、私たちは昔ながらの方法。当地で「ながら」と呼ばれる細いスギやヒノキの丸太で作ります。地元のおばあちゃんから稲の掛け干し用に使っていたものを譲っていただきました。御手洗さんが親方になって、みんなで「ながら」を組み合わせ、番線で

八郷町内の耕作放棄田んぼに広がるススキ原

刈った茅を束ねる様子

トラックに載せて運び出す茅

完成した木製の足場

締め付けて作っていきます。完成した足場はまるで砦。みんなで力を合わせれば、こんなにすごい建物が作れるのかと肩を並べて見上げました。

いよいよ屋根での仕事が始まります。屋根には御手洗さんら職人があがり、私たちは「地走り」と呼ばれる仕事をこなします。

作業の中心は、屋根で使えるように茅を整える「茅ごしらえ」。茅を指定の長さに切り揃えたり、束ねなおしたりして、

みんなで協力してつくる足場

子どもも参加した茅ごしらえ

休憩時間には屋根からの景色を眺めました

屋根の上に届けます。作った茅束は御手洗さんが次々と屋根に差し込み、吸い込まれるように屋根の一部になります。あっという間に屋根が仕上がっていきました。

１つ１つすべてをみんなの手仕事でこなしていった茅葺き屋根。身近にある自然素材で、自分たちの暮らしをこつこつ築く、かつて当たり前だった日々を学べる貴重な時間でした。

■コラム④：屋根はゴミで葺け！

ススキ（茅）刈りに行くと、ススキ以外の草や木の葉も同時に刈り取ることになります。当初は、ススキしか屋根には必要なしと考えて、ススキ以外のものを取り除いていましたが、御手洗さん曰く、「僕のお師匠さんは、屋根はゴミで葺けと言いました。仕上がった屋根からゴミが先に無くなり適度な隙間がうまれ、水切れが良く、湿気が抜けやすい茅葺きになるんです。だからススキの硬い場所だけのきれいな束にはせず、細かな葉が混じっても大丈夫」と。目から鱗でした。それまでは、ススキ以外の草を取り除くのに最も時間がかかっていたので、作業時間が大幅に短縮されました。と同時に、当時の茅手さんは、「屋根はきれいに葺く」のではなく、「屋根は長持ちするように葺く」ことに腕をふるい、家主と共に生きていた姿を想像でき、胸が熱くなりました。

屋根裏での茅葺き補修作業

４．自ら育つ子どもたち

やまだ農園にはたくさんの子どもたちが集います。みんな自然の中で、自分で考え自分で動きます。田植えでは子どもたちが大活躍。私たちは80アール全ての田んぼを手植えしていますが、子どもも重要な植え手です。３才くらいの幼児も、一人前にしっかり田植えします。屋根の材料の１つ、杉皮をはぐ作業でも、子どもが上手にむくことができました。

仕事が終わると食事です。私たちのお昼ご飯はお餅つきがほとんど。子どもたちはつきたてのお餅をぺろりと平らげ、四升の餅がすべてなくなることもあります。

子どもたちの遊びは、四季折々、季節で移ろっています。５月、キ

畑の土で遊ぶ生後７か月頃の次女のかや

子どもたちには餅が大人気

味噌仕込み

田植えや稲刈りに参加した子どもが描いた赤米の絵（栗原侑大、当時小５）

茅を運ぶリヤカーに乗って遊ぶ子どもたち

イチゴが実る季節になると、みんなキイチゴ採り、６月にはクワの実採りに移り変わります。夏は虫捕り、秋には栗拾い、２、３月には、周りにたくさん生えるノビル掘りにみんな夢中になります。農村空間にいると、親が育てなくとも、子どもたちは自らの力で育ちます。農業の世界には子どもも一人前にこなせる仕事がたくさんあります。遊びも、筑波山麓の自然の中、四季折々、自ら見つけ出します。農ある空間は、生きる力を育む場所です。

■コラム⑤：子ども時代

農業研修でお世話になった涌井先生に、子ども時代の話を聞いたことがあります。「僕が子どもの頃は、小学１年生になると、親が携帯用の小刀を買ってくれた。学校が終わると、いつも遊ぶのは、近所の子供たち。男の子同士、学年問わず皆で遊んだ。小刀は、いつもズボンのポケットに入れて、山の中で蔓や枝を切ったり、細工して遊び道具を作ったり、よく使った。使い方は、遊びの中で覚えた。鉛筆ももちろん、この小刀で削った」。

私は、この話が好きです。今からほんの50年ほど前までは、子どもたちの世界に確かなコミュニティーがあったことが分かります。危険なことをはじめ、自然のいろはは、大きい子が小さい子に教えたそうです。キイチゴ、クワ、グミ、アケビなど、おやつは山の中に。夏になれば、近くの川が遊泳場に。みんなで堰上げして深い場所を作り、飛び込みもして遊んだそうです。学校帰りの田んぼでは、ドジョウ捕りに熱中。山菜やきのこ採りは、家族も喜ぶ嬉しい遊びで、薬草採りは、お小遣い稼ぎにもなったそうです。

今では無くなってしまった自然の中での子どもたちの関係を復権するのは、難しいことです。でもせめて、子供たちには、自然の中で思い切り遊ぶことの楽しさを感じ、豊かな自然を愛おしいと思ってほしいです。そのために、物を買って与えるのではなく、身近な自然の中で、たっぷり遊ぶ機会を作っていきたいです。

草のベッドでひと休み

■コラム⑥：そとの保育園

2017年冬、長女の花が通うようになった「そとの保育園」が、やまだ農園にたくさんの出会いをもたらしてくれました。

そとの保育園は、靴下を持っていく必要がありません。いつも裸足で活動します。お散歩に行く時には、必ず靴を履きますが、園庭で遊ぶ時は、靴を履いても裸足でも自分で決めていい約束になっています。その影響あって、我が娘たちは裸足が大好き。畑はもちろん、茅葺きの家周りの砂利の上だって平気で裸足で駆け回ります。

また、保育園では、園の周辺に広がる野山がお散歩コース。先生を先頭に、藪の中を分け入ったり、急な斜面をよじ登ったり、生き物をみんなで協力して捕まえたり、山菜や木の実を根気よく採ってきたり。五感をフルに使って、野山の自然を味わいます。

そうした保育が、私たちの暮らしの延長線上にあると確信、娘への贈り物と思って、片道30分の送迎を続けています。

その保育園で、田植え会お誘いのチラシを掲示させていただいたところ、知り会ったのが今の仲間たちです。やまだ農園の野菜を積極的に食べてくれ、NPOの活動を共に考え、後押ししてくれています。

また、そとの保育園は、保育理念の一つに、「食べることに意欲的で命の大切さを知る保育」を掲げ、給食に有機野菜を優先的に取り入れたり、毎年、１年分の味噌を、先生や子供たちと一緒に仕込んだりしています。その味噌仕込みを2020年から、私たちやまだ農園が引き受けることになりました。茅葺きの家で、朝３時から５つの大釜で豆を煮て、保育園用約120kgと保護者用約280kgの味噌を仕込みます。子供たちが、手作り味噌を給食で食べられることに加え、味噌仕込みを任されたことにも感謝しています。

5．生き物いっぱいの農業を目指して

やまだ農園は田んぼや畑をたくさんの生き物が暮らす場所にしたいと考えています。田んぼを「いのち育む水辺」、畑は「草が生い茂る草原」と捉えて、作物とたくさんの生き物が共存できるような田畑づくりに励んでいます。

田んぼは、カエルやトンボ、ドジョウ、ヘビ、水生昆虫、これらを食べる鳥類など、たくさんの生き物が集う水辺です。稲と共に、たくさんの生き物が次代へ命をつなぎます。農業の中でも、最も自然と一体になる営みです。

これを体感してもらうために、毎年夏休み期間中に「田んぼの生き物観察会」を開いています。観察会では、子どもたちが実際に田んぼに入って、生き物を捕まえます。イモリ、ホトケドジョウ、タガメ、コオイムシ、ギンヤンマなど、たくさんの生き物が登場。田んぼに広がる自然の豊かさを感じられる瞬間です。

畑は草が生い茂る草原と捉えています。畝間や作付けしていない畑は、緑肥や雑草をあえて生やし、時折、草刈りしながら管理。刈った草は土壌に積み重なり、やがて土へ還ります。このサイクルで、土はゆっくりじっくり良くなっていきます。

また、茅葺き屋根から出た古い茅や稲わらを畑に生かします。畑に敷いて、枯れ草が積もった状態を作ります。これで畑に生き物のすみかが生まれます。草原になった畑は、キジやヒバリが巣をつくり、さまざまな昆虫たちが集まる豊かな自然になります。たくさんの生き物が暮らす草原に、野菜を仲間入りさせていくイメージで畑づくりに取り組んでいます。

雑木林では、毎年冬に落ち葉を集めています。寒い冬に体が温まる、

やまだ農園の田畑に現れるいきものたち。左上から時計回りに、トウキョウダルマガエル、カヤネズミ、フクロウ（車にぶつかって死んでしまったもの）、ホトケドジョウ、ギンラン

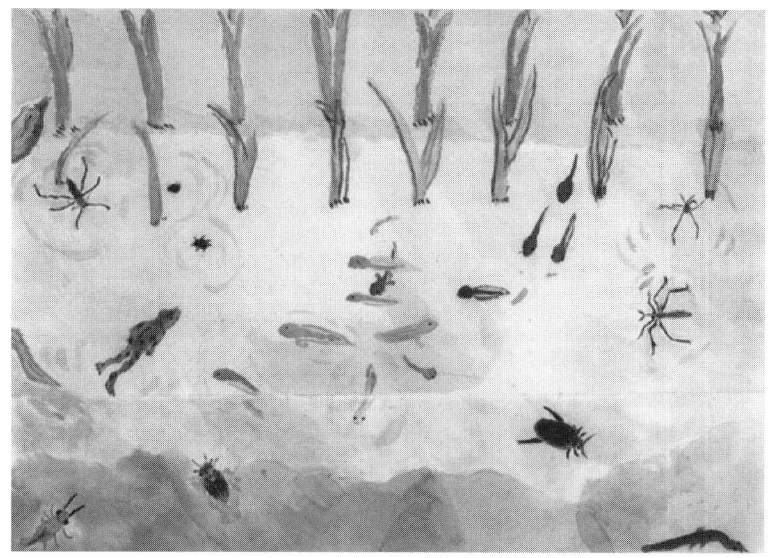

生き物観察会に参加した子どもが描いた田んぼの絵（戸塚美笛さん、当時小5）

畝間に雑草を生やした果菜類の畑。管理の邪魔にならない程度に、都度草刈りをしていきます

子どもも大人も楽しい作業です。

集めた落ち葉は、雑木林の中で、大きな山にします。するとカブトムシが卵を産みつけ、たくさんの幼虫が落ち葉を食べて育ちます。丸２年ほど置くと、カブトムシがすっかり食べて、落ち葉は細かい土になります。この宝物のような土を、野菜の苗を育てる育苗培土として使っています。

集めて丸２年たった落ち葉。分解が進み、すっかり土になっています

集めた落ち葉の一部は持ち出して、春先の寒い時期に、発酵熱で野菜苗を保温する「踏み込み温床」に使います。踏み込み温床は、落ち葉を中心に青草や米ぬか、古茅などを、水を加えながら層状に積み上げていくものです。やまだ農園では、長さ９メートル、幅1.5メートル、高さ90センチの枠に作ります。この時、踏み込みながら積むことで、ゆっくり発酵し、30℃ほどを１か月以上保てます。ナスやピーマンは生育するのに夏の気温が必要ですが、温床でこの状況を先取りし、早く種を蒔いて苗を育てることができます。

踏み込み温床で育つ苗。苗土は落ち葉で作った腐葉土を使っています

「苗半作」と言われるように、苗づくりは農家の仕事の中でも、肝となるとても大切な部分です。この苗づくりを地域の雑木林が支えています。落ち葉を集める雑木林は、キンランやギンラン、シュンラン、トンボソウ、ヤマユリなどが咲き誇る自然豊かなヤマになります。農業が、地域の自然に支えられながら深まり、さらに地域の自然を生み出していく農業になっていくことが大きな目標です。

■コラム⑦：農業研修

私たちが農業研修をしたのは、隣町の笠間市のNPO法人「あしたを拓く有機農業塾（あした有機農園）」です。2016年４月から2017年11月の１年半、ほぼ毎日通いながら農業を学びました。野良仕事はもちろん、週２日の収穫・出荷作業、雨の日の座学など、大変充実した時間を過ごしました。学生時代に簡単な農作業の経験はあったものの、軽トラックの運転は初めて、野菜の出荷調整作業も初めてと経験のないこと尽くし。独立するにあたって最低限必要な技術は、全て研修中に身に付けました。

あした有機農園は水戸市の農業専門学校「鯉渕学園」で長く教員を勤めた涌井義郎先生が、有機農業者を育てるために2011年に立ち上げました。私たちのような独立自営を目指す研修生が日常的に学ぶ他、週末には有機農業講座を開設。有機農業に関心がある一般市民が県内外からたくさん集まり、世の中に有機農業を広め伝える拠点の１つとなっていました。

2021年には有機農産物専門の直売所「有機農家が作ったオーガニックの店」を笠間市内にオープン。有機農家と消費者をつなぐ架け橋となっています。NPOは2023年に解散しましたが、研修事業は、研修を修了して独立した笠間市内の農業者が受け継いでいます。私たちも涌井先生のように、いつか次代の農業者を育てられる器になれるように、日々、研鑽を重ねていきます。

■コラム⑧：旬の野菜セットでつながる

私たちの野菜を食べてくださっている方たちは、そのほとんどが、やまだ農園の応援団です。大学・大学院時代の恩師や仲間、会社員時代の仲間、就農１年目に取り上げられた「NHK趣味の園芸　やさいの時間」の番組を見てお問い合わせくださった方たち、そして、娘が通う保育園で出会った仲間と、野菜を食べた皆さんがお友達を紹介してくれたり、2022年放映された「筑波山麓KAYABUKIライフ～懐かしい未来～」を見てお問合せくださったり、現在、約100名の方たちがお付き合いくださっています。

旬の野菜セット

直接会ったことがない方も、ご家族のお写真や私たちの農業や野菜への思いをメールで寄せてくれ、まるでずっと前から知り合いのような気持ちになります。だから、皆さんの顔を思い浮かべながら、野菜セットを作ることができます。機材も資材も経験もゼロからのスタートの新規就農。６年経った今も、上手くいかないことが数多あります。そんな時も、皆さんの顔を思い出しながら踏ん張ることができます。こんなに贅沢な関係はありません。今まで食べ続けてくださっている皆さんのためにも、端境期をものともせず、生命力あふれる野菜をお届けできる農家になりたいです。

【野菜を食べてくださる方からのメッセージ】

（Sさんより）

毎日暑いですね！皆さんお元気ですか？ 今日、新鮮野菜が届きました♪ 夏の日差しをたっぷり受けた野菜、早速にキュウリにやまだ農園味噌をつけてパクリ！ 美味しい！ たくさんの種類の野菜に感動です。味わって頂きます。猛暑の中の収穫、大変ですが、くれぐれもお身体に気をつけて下さいね♪

（Kさんより）

昨日、お便りが届きました。春ちゃんのお誕生おめでとうございます！子供の元気な姿をみると、こちらもパワーをもらいます！！ しかし、赤子を抱えての農作業…想像するだけでクラクラしてしまいます（笑）…これから暑さも増してきますし…ご無理されませんようお祈りしています。

■コラム⑨：山と集まる宝の資源

この地で農業を始めてから知り合った方たちが声を掛けてくれ、落ち葉やもみ殻、米ぬか、くず大豆、くず小麦、古茅、生ゴミなど、ふんだんな資材が集まってきます。これらを土づくりに使わない手はありません。

私たちは、肥料で育つ野菜づくりではなく、野菜が自らのいのちで育つ野菜づくりを目指しています。だから、肥料設計という考え方に馴染みはなく、窒素分を多く含む動物性堆肥を、お金を出してまで使おうとは思いません。

微生物がいっぱいで、地力のある土づくりができるかが鍵になります。そのために、周辺地域から集まる有機質資材は大いに役立ちます。落ち葉は、カブトムシが土にしてくれ、もみ殻は燻炭にすると水はけのよい土に、米ぬかは、さまざまな有機質資材を発酵して微生物を増やします。くず大豆は、微生物の大好物の餌となり、くず小麦や古茅は、リビングマルチや敷きワラとして抑草効果と腐植形成が期待できます。

地力を高めるためには、手間暇かけることのみならず、長い年月を要します。三世代後にようやく豊かな土地を渡せる、そんな長い目で土づくりに邁進していきます。

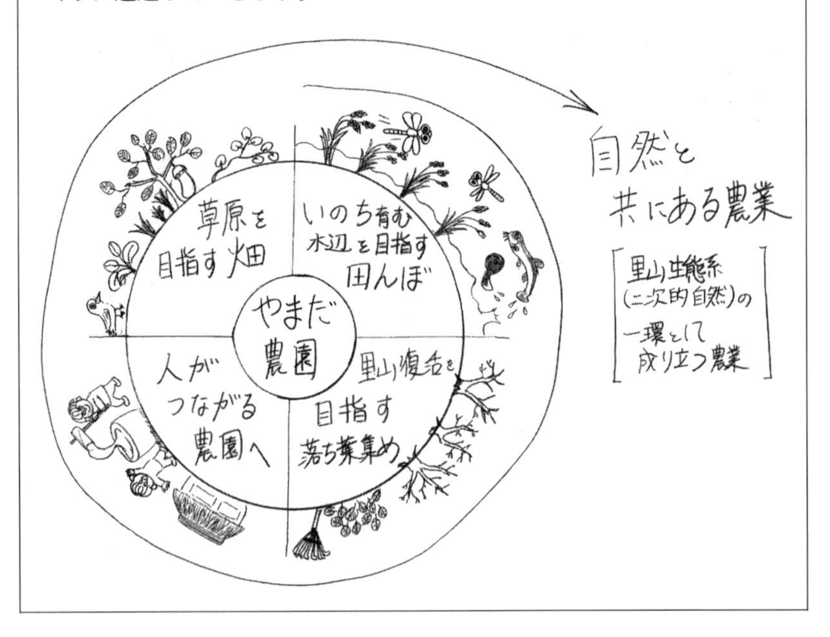

■コラム⑩：山を暮らしの利用の場に

近年、全国的に問題になっているナラ枯れ。私たちの住む地域も例外ではありません。辺りの山々のコナラやクヌギなどのドングリの木が枯れつつあります。一番の問題は、これらブナ科樹木の老朽化。以前は、薪炭材としての価値が高く、常に木を伐っては炭が焼かれ、またシイタケ原木として利用され、若い山が維持されていました。しかし現代社会で、人々の山の利用は減り、ナラ枯れ蔓延という結果を招いてしまっています。

お年寄りに聞くと、以前、山は暮らしに欠かせない大切な恵みの場所でした。山の神様を祀り、毎月、お赤飯を炊いてお供えもしていたそうです。山の落ち葉は、堆肥に。枝は、大中小と太さごと集め、ご飯炊きや風呂焚きに利用しました。下草は、家族の一員である家畜の餌で、毎朝、日の出と共に背負い籠いっぱい集めてくるのが日課でした。だから、どの山も大変きれいに手入れされていて、春には山菜、秋にはキノコが自ずと溢れたそうです。なんて美しい光景でしょう！私たちも、いつか自分たちの暮らしに山を取り戻したいと強く願っています。

■コラム⑪：粗放管理で田畑と地域の自然を守りたい

この地で田畑を始めたら、うちの畑や田んぼを作ってほしい、とよく声を掛けられます。現在、畑２ヘクタールに田んぼ80アール、山林70アール。粗放的な農業をしている私たちにも今の面積が限界です。地主の嶌田さんや中島先生に草刈りを手伝っていただきながら、なんとかやっています。しかし、以前に増して、作ってほしいと声が掛かります。そして太陽光発電だけがじわじわと増えてきています。ここは中山間地域。高齢化で、管理が難しくなった田畑が急増しているのです。

とはいえ、この地に広がる田畑は、先人たちが長い年月をかけて大切につくり続けてきたもので、この地域の貴重な自然です。私たちは、何とか、この田畑を、地域の自然としても守り育てたい。そんな思いと、私たちの目指すたくさんの仲間も参加する農業との接点として、粗放管理というあり方をさまざまに工夫していきたいと思っています。

ある時は、緑肥を蒔き（クリムソンクローバーやヘアリーベッチの花はきれい！）、ある時は、自然の草原に。そして、ある時は、落ち葉堆肥をたっぷり加えた畑に。と、地力を蓄える方向で、この地域の田畑＝自然を、次の世代に渡していきたいのです。まだ道半ばですが、この試みを続けていくことも私たちの使命と思っています。

6．忙しくも充実した農家暮らし

私たちが農家を志して研修に入った時、長女の「花」は１才でした。そして、就農一年目、長女が３才のときに二女の「かや」が誕生。就農６年目、長女が７才、二女が４才で、三女の「春」が誕生しました。ここまでの農業の歩みは、子どもとの歩みでもあります。

農家は、親が働いている姿を、日常の中で見せられる仕事です。子どもたちは保育園のお世話になっていますが、休みの日には畑や田んぼへ同行。遊びはもちろん、お手伝いや宿題をすることもあります。自然と共に働く日常を、子どもと一緒に過ごせるのが、農家の特権かもしれません。

しかし、野良仕事に追われて、自分たちの暮らしは後回しになることがほとんど。いつも仕事優先になってしまい、子どもたちには負担をかけていることが多いかもしれません。特に出荷日の一日は大変です。

やまだ農園は、多種の野菜を育てて、これを詰め合わせたセットとして野菜を出荷しています。出荷は火曜日と金曜日。近くは配達、遠方には宅配便で送っています。

稲の苗取りの手伝いをする長女・花　　畑で宿題をする長女・花

収穫日の軽トラック

出荷日は野菜の収穫から始まります。収穫は早朝４時頃から。日の出前はヘッドライトを点けて作業します。４時間ほどかけて収穫した野菜は、調整作業に入ります。ダイコンを洗ったり、虫食いや傷んだ葉っぱを取り除いたり、袋詰めしたりする作業に３～４時間ほどかけます。

調整は非常に手間がかかります。この作業を、畑を借りている嶌田たきさんが、毎回、手伝いに来てくれます。時にはお友達を連れて来ていただくことも。ご主人の照夫さんは茅葺き周りの植木の手入れや、草刈り、NPOの顧問など、多方面で力添えをいただいています。たくさんの応援をいただき、調整作業を終えた野菜は、出荷用の段ボール箱へ詰めます。

次に「がしゃっぱ通信」を書きます。私たちは畑の様子や日々の暮らし、出荷する野菜の食べ方などを書いた通信を、就農当初から毎週作っています。タイトルの「がしゃっぱ」は地元の方言で落ち葉のこと。周囲に広がる里山と繋がる農業をしたいとの思いから名付けました。

書き上げたがしゃっぱ通信を野菜と同梱して、夕方、配達へ出発。途中、保育園での子どものおむかえをしながら、50キロほど車で走り20時着を目標に、家に帰りつきます。

私たちは、商品として野菜を届けるのではなく、「食べ物」として

寝返りをし始めたころの次女・かや。作業の間、畑で過ごします

ダンボール箱に詰め終えた野菜セット

野菜を届けたいと願っています。市場出荷の農家では難しい願いですが、たくさんの人と繋がりながら「食べ物」を届けられる私たちは非常に幸せです。筑波山麓の自然が育てた野菜をこれからも届け続けます。

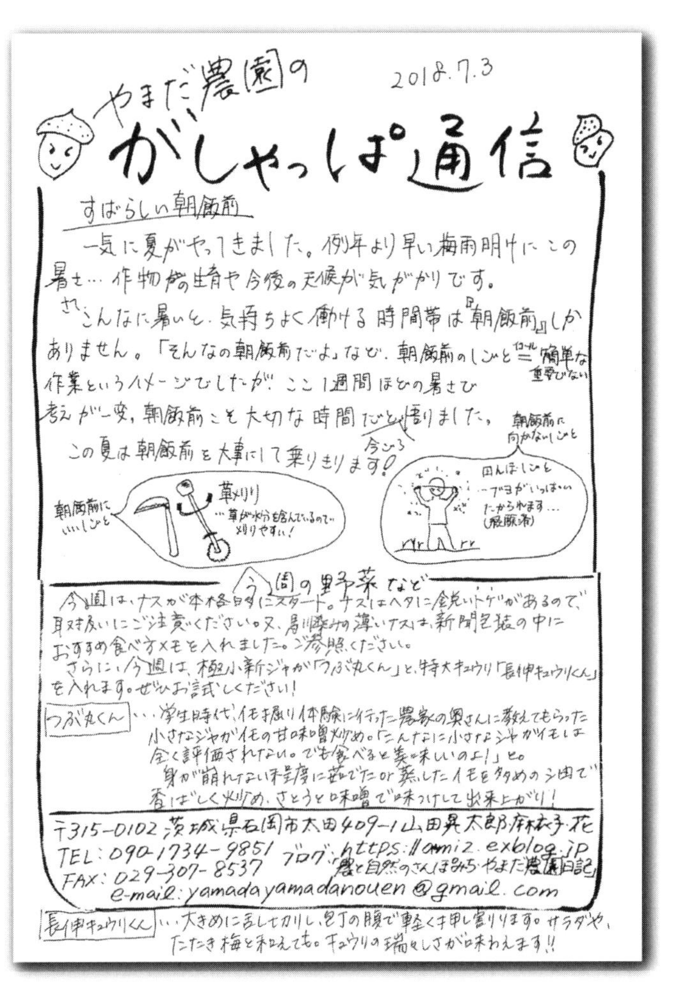

やまだ農園の　2018.7.3
がしゃっぱ通信

すばらしい朝飯前

一気に夏がやってきました。例年より早い梅雨明けにこの暑さ…作物の生育や今後の天候が気がかりです。

さて、こんなに暑いと、気持ちよく働ける時間帯は『朝飯前』しかありません。「そんなの朝飯前だよ」など、朝飯前のしごと＝簡単な作業というイメージでしたが、ここ1週間ほどの暑さで考えが一変。朝飯前こそ大切な時間だと悟りました。

この夏は朝飯前を大事にして乗りきります！

朝飯前にいいしごと
草刈り
…草が水分を含んでいるので、刈りやすい！

朝飯前に向かないしごと
田んぼしごと
…ブヨがいっぱいたかられます…（殺虫剤）

今週の野菜など

今週は、ナスが本格的にスタート。ナスはヘタに鋭いトゲがあるので、取扱いにご注意ください。又、果肉の薄いナスは、新聞包装の中におすすめ食べ方メモを入れました。ご参照ください。

さらに、今週は、極小新ジャガ「つぶ丸くん」と、特大キュウリ「長伸キュウリくん」を入れます。ぜひお試しください！

つぶ丸くん…学生時代、イモ掘り体験に行った農家の奥さんに教えてもらった小さなジャガイモの甘味噌炒め。「こんなに小さなジャガイモは全く評価されない。でも食べると美味しいのよ！」と。
身が崩れない程度に茹でたor蒸したイモを多めの油で香ばしく炒め、さとうと味噌で味つけして出来上がり！

〒315-0102 茨城県石岡市太田409-1 山田晃太郎・麻衣子・花
TEL：090-1734-9851
FAX：029-307-8537
ブログ：https://amiz.exblog.jp「農と自然のさんぽみち・やまだ農園日記」
e-mail：yamadayamadanouen@gmail.com

長伸キュウリくん…大きめに乱切りし、包丁の腹で軽く押し割ります。サラダや、たたき梅と和えても。キュウリの瑞々しさが味わえます!!

野菜に同梱するがしゃっぱ通信

■コラム⑫：たくさんの方に支えられて

学生時代から中島先生の田んぼに来ていて馴染みがあったため、この地にやって来た私たち。移住して約30年の先輩、中村哲思さん・慶子さんご夫婦に、家や田畑を紹介していただき、この石岡市太田地区で農家への道をスタートできました。そして、ご縁がご縁を結び、今、私たちは、たくさんの方たちに支えられています。

数年前から毎週、野良仕事を応援していただいているのが、栗原公一さんと牧田謙吾さんです。栗原さんは保育園のパパ友達、牧田さんには野菜セットを食べていただいています。農作業は二人以上いるとはかどる仕事ばかり。お二人が来る予定に合わせて、作業日程を組み立てています。

毎年11月の恒例行事、福島県喜多方市山都町での茅刈りは、隣町の太田昌さんに案内いただいています。現地に詳しい太田さんがいなければ、私たちの茅刈りは始められませんでした。地元のススキ原の茅刈りは、有機農家大先輩の山本治さん・節子さんご夫婦からお力添えをいただき、実現できています。また、我が家から車で30分かかる米農家の菊池裕久雄さんは、２ｔダンプで約10台分のもみ殻や、米ぬかやくず大豆、くず小麦を、出るたびに持ってきてくれます。往復１時間の道のりを、１日３度往復してくれる日も。なかなか出来ることではありません。

ご近所の久保田ちかさんと、大図まさえさんは私たちの人生の師です。筑波山麓で生まれ、暮らし続けて85年以上。この地で自然と共に暮らす技を受け継ぐ、最後の世代かもしれません。お二人から聞くお話ほど面白いことはありません。古くなった着物や浴衣は、裂き織りで色鮮やかでオシャレな帯に仕立てていたこと。ご近所総出でお茶の若葉を摘み、蒸して乾燥させ、一年分の茶葉を作っていたこと。手間暇かかっても、季節折々の手作りの味を楽しんでいること。私たちが夢見る「懐かしい未来」が、確かにそこにあります。

そして、５年前に出会った地主の嶌田照夫さん・たきさんご夫妻。照夫さんは、元旦翌日から茅屋根ひろばの庭木の剪定をし、斜面のきつい山から落ち葉をかき集めては運び込んでくれます。たきさんは、毎週２回の出荷作業に欠かさず駆けつけてくれ、忙しい時には、お友達も連れてきてくれます。今年の三女誕生の際は、「男が台所仕事をするのは容易じゃない」と、入院中の一週間、毎日三食、三人分の食事を家まで届けてくれました。これ以上の感謝はありません。嶌田さんご夫婦は、地元の自治活動を行いながらも、私たちのことも助けてくださる地域の守り人です。

今、私たちに、この御恩を返せる器はありませんが、応援してくださるたくさんの皆さんの背中を見ながら、私たちも次の世代を応援できるようになりたいと思っています。

■コラム⑬：ただひたすらに前を見て

将来の不安は？ と問われ、まず私たちの衣食住について考えてみました。

はじめに、衣について。服は、ありがたいことに、知人がたくさん譲ってくれます。特に子供服は、今までにパンツと若干の靴を買ったぐらいで、普段着から正装の服、雨合羽やジャンパーまで充足しています。大人の服は、数年に一度買い替えるぐらいで事足りるので、衣服費はほとんどかかりません。

食は、野菜と米と味噌には困りません。これは、最大の強み、安心感であり、幸せです。

住について、私たちは、八畳と四畳半の部屋、一畳の台所と一畳の風呂、トイレは屋外、という小さな貸家に住んでいます。屋根はトタン張りで、壁はベニヤ板、見えるところも見えないところも隙間だらけの家です。何と言っても、この家の魅力は1.5万円の家賃。安さゆえ、暮らしてみると様々な工夫が必要です。どこから漏るのか特定が難しい雨漏りは、ビニールを細工して雨水を一か所に集めてみたり、トタン屋根は熱吸収率が非常に高いので、息苦しさを感じるほど室温が上がる夏は、簾を置き、工業用扇風機を導入してみたり。確かに慣れ親しんだ文化住宅の快適さには程遠いけれど、家族５人、肩寄せ合って生活するには丁度良いかなととりあえずは気に入っています。

あとは、税金と年金、光熱費、学費3人分をただひたすらに稼ぎます。ガンバロー！！

「八郷・かや屋根　みんなの広場」設立の趣旨
2021年2月14日

〈趣旨〉

吾国山の麓、恋瀬川の源流の地で、山田晃太郎さん、麻衣子さんが始めた農の営みに賛同し、地域の自然と健康な食をつなごうとするその取り組みを広げていくために、ここに非営利活動法人「八郷・かや屋根　みんなの広場」を設立します。

その趣旨は次の３点です。

１．農を支える

山田さんらの農園では「がしゃっぱ農業」（地域の里山に支えられた農業）の確立を目標として、幅広い視点からの有機農業が進められています。私たちはこの取り組みを支持し、それを広げていきます。

２．かや屋根の家（旧栢植屋敷）を守る

山田さんらが引き継いだ旧栢植屋敷は約100年前に建築されたもので、養蚕が地域農業の基幹だった頃に、その技術普及の拠点の役割を果たしてきたそうです。そうした由緒あるかや屋根の家の保全と新しい利用活動を支えます。

３．地域文化の振興

農村は自然と暮らしが結びあった文化の地です。そこには温故知新の精神が息づいてきました。私たちはかや屋根の家を「みんなの広場」として位置づけ、伝統に学びながら新しい地域文化を育んでいきます。

やまだ農園を中心として、こうした活動を幅広く、堅実に展開していくためには非営利活動法人を設立することが適切だと考えました。

〈設立に至る経過〉

2016年４月　石岡市恋瀬の地に移住。NPO法人「あしたを拓く有機農業塾」で農業研修をはじめる。がしゃっぱ農業の取り組みスタート

2017年11月　１年半の研修を修了。やまだ農園が本格的に始まる

2018年６月　野菜の販売を始める。「旬の野菜セット」の発送開始

2019年９月　かや屋根の旧栢植屋敷を引き継ぐ
ここを拠点に「みんなの広場」の活動開始

2021年２月「八郷・かや屋根　みんなの広場」設立

第Ⅱ部　里山農業へ夢を広げて――やまだ農園の農業論

中島 紀一

はじめに――やまだ農園「里山農業」のあらまし

宮崎駿さんのアニメ『となりのトトロ』はずいぶん前の作品ですがいまも引き続き人気のようですね（1988年公開、東宝・徳間書店）。

日本の農村には「トトロの森」とよく似た自然はどこにでもありました。家々の暮らし＝集落の周りには必ず森や野原がありました。それが里山と呼ばれる自然です。

かつて里山がなければ暮らしは成り立たず、農の営みは進みませんでした。

その頃、農村では、暮らしも、農も、里山と呼ばれた自然に支えられていました。里山の自然に支えられて、自給的で安定した農と暮らしがありました。

そこは薪などの燃料供給地であり、堆肥などの供給地でした。山菜、木の実、キノコ、薬草採りにも入りました。利用がそのまま手入れともなり、里山は使いやすい形にいつもきれいに整備されていました。

里山とつながった暮らしにはいろいろな愉しみもありました。

地域にはそうした暮らし方を支えていく、人々が協力しあう関係が作られていました。

「トトロの森」は、どこの田舎にもあったそんな身近な自然であり、地域社会の仕組みだったのです。

『となりのトトロ』の時代設定は1950年代頃のようですが、それから10年ほど後の頃、いまから半世紀程前頃から、農村でも近代化という大変化がさまざまに進みました。近代化によって、台所での煮炊きの燃料は石油やガスに代替され、農の堆肥は化学肥料で代替されるようになりました。

燃料も堆肥も、里山から採ってくるものではなく、お金を出して買うものになってしまいました。その結果、ほんとに長い間、暮らしと農を支えてくれてきた里山は、役に立たない不要な土地となってしまいました。

暮らしや農は里山に支えられるのではなく、工業製品に支えられるようになってしまったのです。こうした暮らしのあり方の変化の中で、農村でもお金の都合や論理が少しずつ強まっていき、地域で人々が協力し合う関係も次第に弱まってきてしまっています。

使われなくなった里山は、木は伐られて畑になったり、ある場合にはスギやヒノキが植林されて林業地となったり、また、そんな用途がなければ、放置され荒廃林野となってしまいました。放置され荒れた里山は、ゴルフ場などのリゾート開発の用地に転用され、最近では太陽光発電の用地にもなっています。

第Ⅰ部で紹介したやまだ農園（茨城県石岡市）は、７年前に新規就農で石岡市恋瀬地区にやってきました。そこは自然に囲まれ、伝統的な農業が続けられている土地でした。

やまだ農園の農業のやり方には特徴があります。大まかにみれば有機農業、自然農法とされるやり方なのですが、やまだ農園では、地域の自然に支えられた自給的暮らし方を作っていくことを特に大切に考えてきました。また農業に関しては、周りの自然の豊かさに惹かれ、落葉（がしゃっぱ）利用の農業、「がしゃっぱ農業」＝「里山農業」の確立に特に力を入れています。まだ始めて間もないのですが、地域の先輩農家たちの応援も得ながら、すでに「トトロの森」のような里山が少しずつ再生し始めています。

落葉利用の「がしゃっぱ農業」＝「里山農業」の確立こそが、次の時代を担う自然と共にある農業への道だと考えて、仲間たちとともに取り組みが進められています。

４年前には、築100年の茅葺き屋根の大きな民家を譲り受け、営農の場として、また仲間たちが集う場所として利用することになりました。すでに屋根が痛んでいたので、茅屋根葺きにも取り組み始めました。茅屋根の「茅（かや）」とは草屋根に使う植物のことで、やまだ農園の場合は主にススキです。屋根葺きの準備の作業は、ススキが生えている場所をさがして、大量のススキを刈り出すことから始まります。ススキが密生している場所を「茅場（かやば）」と言います。耕作放棄地として問題視されるだけだったススキの原が、役に立つ「茅場」として活かされ始めています。草屋根の葺き替えをすると、大量の古茅（ふるがや）が出てきます。これも堆肥作りの大切な材料となっています。

茅葺き屋根のお世話をすると、そこから耕作放棄地の利用も含めた「茅屋根農業」が始まります。「茅屋根農業」については、昔からの伝統の知恵に学ぶことが特に重要です。やまだ農園ではこうしたことも「里山農業」の大切な形だと位置づけられています。

やまだ農園の農業のもう一つの特徴として、雑草の利用があります。雑草を田畑の土を育ててくれる「みどり」として位置づけ、雑草を敵とせず、雑草を農業の主役的な資源として生かそうとしています。雑草が繁る田畑こそ生き物たちの大切な住処だという思いが、生きもの好きなやまだ農園にはあるのです。

自然雑草だけでなく、土づくりに役立つとされている「緑肥」作物の種も蒔き、よく繁らせて、それも土にすき込みます。

これらは「雑草農業」とでも呼ぶべき方向で、これも「里山農業」の重要な一つのあり方だと考えています。

やまだ農園では、落葉利用の「がしゃっぱ農業」、古茅利用の「茅屋根農業」、雑草を積極的に活かす「雑草農業」という３つの形を、里山を活かしそれに支えられた農業、すなわち「里山農業」確立の道だと位置づけ、日々の農業が進められています。そんな取り組みの中から、一歩一歩、それを「自然と共にある農業」として、多彩な未来形の農業として実現していこうとしているのです。

近代化の流れの中で、農業や田舎の暮らしと、身近な自然である里山との関係はしばらく途切れてしまっていました。それでは拙い、それはもったいないことだと気付いたやまだ農園では、改めて、農と暮らしと里山との関係を回復させ、そこにいのち育むみどりの流れを取り戻そうと取り組んでいるのです。まだ始まりの段階ではありますが、すでに手応えは感じられ、いろいろな愉しみも広がっているようです。

私は農学者で、この道に進んでもう半世紀余が経ちました。「農業とは何か」の探求を一貫した課題としてきました。各地にむらと人を訪ね、現地でさまざまに見聞することを研究の方法としてきました。そんな私からみて、やまだ農園の試行錯誤のなかには、農学としてとても面白い発見がいろいろあるなと感じます。このような「里山農業」の探求の模索の中には、農業科学＝アグロノミーとしても新しい気付きがいろいろとあり、それを踏まえて、これまでの通常の有機農業や自然農法とは少し異なった新しい農業理論も見えてきていると感じています。

これらの取り組みは、現代という時代の風潮としてみれば、農業のあり方として、常識外れの奇抜なこと、あるいは前時代的なことに見えるかもしれません。しかし、そうした見方は恐らく違っていて、やまだ農園のそんな取り組みの中にこそ、農業が本道を取り戻し、次の時代への農の未来が見えてきているような気がするのです。

やまだ農園での里山農業へのチャレンジは、この本の全体テーマである「懐かしい未来」の具体像の一つだと思われるのです。

この第Ⅱ部では、やまだ農園でいま取り組まれている様々な形での「里山農業」の探求は、どんなことで、それはどんな農学理論に支えられているのか、また、そこにどのような農学理論が生まれつつあるのかについて、私の考え方を少しお話ししてみたいと考えています。しばらくお付き合い下さい。

1．みんなが取り組む参加型農業

いま書いたように、この第Ⅱ部では、主としてやまだ農園が取り組む里山農業について解説したいと思います。

ただ、それについての本論に入る前に、NHKのBSプレミアム番組「筑波山麓KAYABUKIライフ～懐かしい未来～」で活写された「たくさんの仲間たちが参加する農業」の姿について、すこし述べてみたいと思います。

仲間たちが手を携えて取り組む農業とは、こんなにも明るく、未来への可能性を感じさせるのか。この番組を視聴しての強い印象でした。

番組の最後のところで山田君は「就農の当初は、もっとこぢんまりとした農業を考えていましたが、茅屋根の取り組みの中で、たくさんのみなさんが農業にともに参加してもらえる形になってきています。予想していなかったことですが、これからの農業への新しい可能性を感じています」と、彼の体験的発見についてとても嬉しそうに語っていました。

いま国の農政では、従来の自給重視の家族農業は時代遅れで、これからはもっと近代的な大規模な法人経営の時代なのだと断定し、マスコミなどでも、そういう報道がさかんにされています。しかし、山田君たちは、こうした風潮とは違って、農業は家族が力を合わせて取り組むことがいいのだ、農と暮らしにおいて自給的あり方がとても大切なのだとの思いを固めて就農に踏み切りました。かなりの決断だったと思います。

大規模法人経営 VS 小規模家族農業という対抗の構図があります。農の技術に関しては、工業的技術を駆使した近代農業 VS 生きもののいのちを大切にした有機農業、自然農法という対比がそれに対応しています。生産物の流通としては、全国市場を場とした大量流通 VS 生産者と消費者が直接繋がりあった小規模流通という対抗構図でもあります。食べもの論としては、効率的な商品生産 VS いのち溢れる安全なたべものという対抗でもありました。

山田君たちの就農には、上に述べた構図に関しては後者の流れへの参画の意思が明確でした。

こうした当初の思いはその後も変わりはないようですが、茅葺き屋根の取り組みを経験する中で、また、地域の仲間たちとの出会いのなかで、山田君たちの後者にかかわる農業ビジョンは、地域の自然と結びあった里山農業確立へのより幅広い夢へと、さらに大きく膨らみつつあるということのようなのです。

非農家出身の二人が、就農して２年目に茅葺き民家を譲り受けたことはさらに大きな決断だったと思います。周りの支援者の間では、それは無謀な選択ではないかとの危惧も強くあったようです。

屋根の葺き替えには手間もお金もかかります。譲り受けた家の草屋根は急ぎの葺き替えが必要という状態になっていました。農業を始めて間もなくの試行錯誤の時に、茅屋根の葺き替えという大仕事が加わったのです。そこには相当な無理や苦労も予測できました。

そんな時に彼らが進んだのは、NPO法人「八郷・かや屋根　みんなの広場」の設立という道でした。山田君、麻衣子さんの二人が代表となり、それに近隣の支援者たちが加わりました。それは、この茅屋根民家は、山田君たちだけのものではなく、そこに参加するみんなの「広場」なんだ、やまだ農園への協力は、単なるお手伝いではなく、参画であり、自分たちの新しい暮らしづくりへのチャレンジなんだ。そんな方向に仲間たちの輪を広げつつ新しい農の道を開いていきたいという方向でした。

法人の設立趣意書には次の３点が記されています。

１．農を支える

山田さんらの農園では「がしゃっぱ農業」（地域の里山に支えられた農業）の確立を目標として、幅広い視点からの有機農業が進められています。私たちはこの取り組みを支持し、それを広げていきます。

２．かや屋根の家（旧柘植屋敷）を守る

山田さんらが引き継いだ旧柘植屋敷は約100年前に建築されたもので、養蚕が地域農業の基幹だった頃に、その技術普及の拠点の役割を果たしてきたそうです。そうした由緒あるかや屋根の家の保全と新しい利用活動を支えます。

3．地域文化の振興

農村は自然と暮らしが結びあった文化の地です。そこには温故知新の精神が息づいてきました。私たちはかや屋根の家を「みんなの広場」として位置づけ、伝統に学びながら新しい地域文化を育んでいきます。

ここでポイントとなることは次の４点だと思います。

①家族農業としてのやまだ農園の里山農業への取り組み、暮らし方

②それに共鳴するさまざまな方々の仲間としての参加

③地域に息づいている暮らしの文化への敬意

④それらが繋ぎ合う場としての茅屋根広場

①②③はこれまでも取り組まれていて、それぞれに手応えはあるのですが、実際には、相互にはつながりにくく、それらが結び合って大きな流れとなっていくのはなかなか難しいというのが現実でした。

こうしたなかで、やまだ農園とみんなの広場での取り組みでは、地域の伝統文化である「茅屋根」の利用と保全を自分たちみんなが係わる課題として位置づけ、設立したNPO法人「みんなの広場」を、「茅屋根の利用や保全」と「いのち溢れる農の営みへの参加」を繋げる場にしようとしてきました。そのプロセスでは、さまざまな出会いや気付きもあり、外部からの協力支援という枠を越えて、互いに手を繋ぎ合う参画という形が次第に見えてきているのだと感じます。そんななかで、ややバラバラだった３つの課題の取り組みの結び合いが進んでいったようです。

お隣のつくば市に住む若い茅手職人の御手洗崇行さんにお願いした草屋根葺き替え作業に、子どもたちも含めてみんなが様々に参加し、ほぼ同時に、踏み込み温床作りや自分たちも食べる味噌の仕込みにも取り組む。踏み込み温床には落葉だけでなく、屋根葺きから出てくる

古茅も使われる。そんな錯綜したプロセスが忙しく進みました。

そこでは「茅屋根」と「いのち溢れる農の営み」は具体的に繋がり、「みんなの広場」がそうした取り組みの場となっていく。こんなプロセスが①②③の繋ぎあった展開を作り出していっているように思われるのです。それは明るく、楽しげで、無理がない。人と人が繋がり合い、地域のさまざまな資源の利用が、目に見える形で進んで来ています。そうしたなかで参加者それぞれが新しい何かを、そしてそこはかとない愉しみが実感されてきているようなのです。

いま農業は担い手の減少が深刻な社会問題だとされてきています。

しかし、やまだ農園やその周辺についてみれば、さまざまな形での参加者は、かなり明確に増えてきています。その理由は、端的に言えば、そこに魅力が感じられるからだと思います。さまざまな形での参加には、いろいろな気付きや出会いがあり、おおよその納得が作り出されており、それが継続的参加となっているように思えます。

たとえば田んぼのことでは、春に、しっかりと育った苗を一本ずつ植える、その苗が秋には分けつ（枝分かれ）が40〜50本にもなって、たわわに穂をつける。田んぼに肥料は施しません。保育園の子どもたちが植えた苗も、ちゃんとした実りとなっています。そこで見えてくるのは、明らかに田んぼの力であり、稲の力でしょう。人はそんな自然に教えられ寄り添いながらほどほどに手助けをする。前の年にその田んぼで穫れたモチ米で、みんなで餅つきをして美味しく食べる。やまだ農園における農のそうしたあり方が、少しずつ見えてくる。こんなことも参加者たちの「納得」の一コマだろうと思います。

まだ数はわずかですが、就農希望者も生まれてきています。農の世界はかなり好いものだという気持ちは、やまだ農園の周りでは明らかに広がりつつあるように思えます。

農業を現代社会における産業の一つの領域として、競争論的な経済政策の枠組みからだけ見ていくと、そこには明るい展望は描きにくいのでしょう。

しかし、地球環境問題の深刻化など都市的工業的な現代文明の行き詰まりの中で、時代は大きく転換しようとしていると思います。新しい時代を模索する人々の心の動きは、農業や農村に「懐かしい未来」を感知しつつあるように思います。時代の風は農業や農村に向かいつつあるのは確かでしょう。

農と食、農村を大切にしようという機運は高まりつつあります。人々は農業や農村に時代的な夢を感じ始めており、人々の参加の動きも広がりつつあります。農と食、農村は、未来への希望が秘められている領域として新しい評価を受けるようになってきていると思われるのです。

「八郷・かや屋根　みんなの広場」を場として、みんなが手を携えたさまざまな参加・参画のなかで、子どもたちは元気に育ち、里山の自然は身近なものとなり、地域の自然資源が活かされ、安全で美味しい農産物が生み出され、共に美味しく食べる楽しみが広がり、自然環境も良くなり、茅葺き屋根のような伝統文化が甦りつつあります。そのなかで、愉しみとともに様々な気付もあり、いろいろな出会いも生まれているようです。

仲間として参加する方々の顔ぶれの主役には、楽しげな小さな子どもたちがいて、若い親たちも加わり、年配の方々も、地元の方々もおられます。

こうしたことの基礎には、「いのち溢れる農業の力」「茅葺き屋根の伝統の力」があるのだと感じます。これからの新しい時代における「農業」の可能性、「茅屋根」の可能性、「仲間と生きる」ことの可能性が示されていると思います。

BSプレミアムの番組の基調テーマは「懐かしい未来」とされています。

子どもたちはそのまま未来の存在で、若い親たちはそんな子どもたちにこれからへの希望を感じているようです。子どもたちが楽しげに手作りの食事作りや農作業の手伝いをしていく姿に、年配の方々は、懐かしさを覚えておられるようです。子どもたちも、若い世代も、年配の方々も、ともに結び合い、文字通りそこには「懐かしい未来」が表されていると感じられます。

私は、これまで、いろいろな方々が仲間として参加する農業こそが新しい時代のあり方だと考えて、それを「参加型の開かれた家族農業」という言葉で提唱してきました。この番組ではそんな漠とした提唱が、具体的な現実態として示されているように感じました。山田君たちが喜びと共に見つけ出しつつある農業のこうしたあり方は、新しい時代の農業形態としてこれから各地で広がって行くものと思われます。

2．里山という身近な自然

里山とは、文字の通り、里にある身近な自然のことです。

里山の「山」は「山岳」という意味ではなく、家々＝集落の周りにある森や野原のことです。「里山」という言葉は比較的新しいもので、そんな場所を田舎では単に「ヤマ」と呼んできました。反対語は奥山と言うことになります。

里山は暮らしの場にある、暮らしを囲むみどりです。

生きものの生きる基本に呼吸があります。酸素O_2を吸収し、炭酸ガスCO_2を排出するのが呼吸です。

みどりの植物はそれだけでなく、太陽が輝く日中は太陽光エネルギーを炭水化物に変えていく光合成をしています。その原料は炭酸ガスと水H_2Oです。光合成によって植物のみどりは生きものが活動するエネルギーを炭水化物として提供してくれます。加えて、新しい酸素も排出してくれるのです。

私たちは、暮らしを囲む植物（みどり）の光合成から食べものと新鮮な空気の提供を受けています。自然に囲まれた里で暮らす幸せは、まず、こうしたみどりの恵みにあります。みどり＝植物たちが炭酸ガスを使って食べもの＝炭水化物を作り出してくれているのです。

しかし、里山にはそうしたその土地で生きていくうえでの自然環境ということだけでなく、利用できる自然としての意義と恵みもあります。

身近にある里山は、暮らしや農に関わってさまざまに利用されてきました。第Ⅱ部の「はじめに」に書いたように、生活の燃料、台所の炊事やお風呂炊きには薪を使いました。豊かな農村にはふんだんに薪が採れる里山がありました。山菜やキノコも里山の産物で、食卓に四季の楽しみを添えてくれました。農の営みも里山依存が基本で、堆肥のための落葉集めは冬の欠かせない仕事でした。家畜の飼料も里山の草が基本でした。

里山は収入を得る経済としてもとても大きな意味を持っていました。薪や炭の都市への販売です。生活のための燃料は都市でも薪や炭でしたから、そこには膨大な需要がありました。やまだ農園のある茨城県石岡市あたりでは、その時代には薪販売はコメに並ぶほどだったとのことです。

里山利用の基本は、草刈り、若枝刈り、枯れ枝集めで、それは「ヤマ掃除」と総称されていました。桃太郎説話にある「お祖父さんはヤマにシバ刈りに」の「ヤマ」は里山のことで、シバは「芝」ではなく「柴」のことです。「柴」とは鎌で刈り取れる若枝類のことで、これも大切な堆肥の材料でした。

身近な自然はこんな形で利用することによって里山となっていきました。

クヌギ、ナラなどの落葉広葉樹にはいろいろな利用価値があり、里山利用のなかで、森はそれらの樹種を中心とした雑木林に変わっていきます。クヌギやナラの雑木林は秋には落葉し、冬には明るい森になり、春先には新緑までの明るさのなかで、カタクリなどの早春の花が咲きます。クヌギやナラは伐り倒すとその株元から新しい芽が伸びてくるので、植林しなくても森は維持されていきます。こういう森の若返りを林学では「萌芽更新」(ぼうがこうしん）と呼んでいます。

さまざまに利用され、更新されていく里山は、若返り、明るく活力ある森として維持されます。明るい森では、みどりの光合成が盛んになります。林床に光が届くようになると、生物多様性も増して、いろいろな草木が生えるようになります。そんな森には秋になるとキノコがたくさん出ます。

日本の農村にはいろいろな形がありますが、いちばん普通には、中心に集落があり、その周りに田畑が拓かれます。さらにその周囲には里山という自然がある、という姿です。日本民俗学を創始した柳田國男さんは日本の農村はムラ（集落)・ノラ（野良)・ヤマ（里山）の３相がセットとして関連して存在していると述べています。里山があることは、農村の豊かさの土台であり、その面積は、できれば田畑の３～５倍ほどは欲しいとされていました。

明治の文人に国木田独歩という方がおられました。彼の散文集『武蔵野』(1898)は里山としての雑木林の、四季折々の美しさを記しています。明治の頃の『武蔵野』と昭和30年代頃を描いた宮崎駿さんの『となりのトトロ』は里山讃歌の双璧だと思います。

身近な自然を農や暮らしの必要から利用することで、自然は姿と仕組みを変化させ、次第に里山というあり方が作られます。このような自然を、生態学では「二次的自然」と呼んでいます。人の手が加わらず、自然だけのロジックで成熟していく「原生的自然」と対比される言葉です。二次的自然は人々の定住と生活自給の結果として作られます。

里山という自然、二次的自然というあり方は、とても昔からのもので、日本列島についてみるとなんと縄文時代まで遡れるようです。

縄文時代頃の人々の暮らしぶりは、青森県の三内丸山遺跡（約5500～4000年前頃、縄文前期から中期にかけての遺跡）の発掘で、たいへんリアルに明らかになりました。この遺跡は「北海道・北東北縄文遺跡群」の中核として2021年にユネスコの世界文化遺産に登録されました。

三内丸山遺跡の頃は、まだ農耕の明確な開始には至っておらず、その少し前の段階だったようです。遺跡には大きな貯蔵庫もあり、いろいろな食べものの大量な貯蔵が確認されています。単なる採取ではなく、すでに半栽培のような生産も行われていたと推定されています。

三内丸山遺跡について、私は、栗と栗林について強い関心があります。

三内丸山遺跡の象徴は巨大な掘立ての櫓（やぐら）です。その櫓柱には直径１メートルもの栗の木が使われていたということです。遺跡付近には栗の巨木も生えていたのでしょう。貯蔵の食べものとしてかなりの量の栗の実があり、栗の実の大きさは普通の野生の栗の実よりも大きいようだったとされています。

栗の実を植えて、栗林を育成し、栗栽培が始まっていたというのではないのですが、まわりの林には栗の木が結構多く、そこで有用な栗を残して、燃料などのために他の木を伐っていくと、次第に栗の比率の多い林になっていく。さらに、大きな実をつける木を残して行く。そうすると周りには優良な栗が多く自生する林になっていく、そんな形が進んでいたのではないかと考えられます。

栗を拾って食べることの繰り返しの中で、周りの自然にそんな変化が生まれていく。人々が定住して、長い年月を経る中で、周りの自然から恵みを受けるだけでなく、周りの自然も人々の暮らしに都合良く変化していく。そんな過程があったことが三内丸山遺跡の発掘から証明されたと言うことなのです。

同じようなことは、ほかの縄文遺跡地で、クルミの林についても確認できるようです。

人々の周りに原始の自然（原生自然）だけではなく、人々の利用で暮らしに役立つ自然（二次的自然）が少しずつ作られていった。それは縄文の頃からのことだったようなのです。より断定的に言えば原初的な里山形成が、すでに農耕時代の前段階の縄文時代から始まっていたらしいのです。

やまだ農園のある石岡市恋瀬地区は、ふるくから人々が暮らす土地であったらしく、畑からは時折、土器片や石器がでてくるようです。彼ら彼女らの新しい里山農業は、そんな歴史ともリアルにつながっているようなのです。

この節の最後に、荒廃した林野の里山への復元について少し述べておきたいと思います。

まず最初に一言。いま「荒廃した林野」と書きましたが、これは人間側からの評価であり、自然の側からの見方ではありません。私たちの眼に「荒廃」と映るのは、自然の側からすれば、人の手を離れた自然への移行・回帰のプロセスであり、そこには自然の摂理が働いています。少し強い言い方になりますが、「荒廃した林野」には「よく手入れされた里山」にはない自然の良さが随所にみられることも知っておくべきだと思います。たとえば里山ではつる性の植物は排除されますが、「荒廃した林野」にはつる性のアケビやフジが多く見られるようになります。

そんなことを前提として、里山復元に取り組んでみましょう。

季節は、雪のない地域の場合は草が枯れた冬にと言うことになります。

まず、第一歩は、対象の森の縁辺を覆っている雑草類の刈り払いから始まります。森の縁辺はつる性の雑草などが、マントのように覆っています。それを鎌や刈り払い機で除去します。事故が起こりやすい作業なので気を付けて。そうすると森は明るくなります。

続いて、少しずつ森の中に入って、草を刈りながら、枯れ木、枯れ枝を除去します。山仕事用の大鎌や手鋸があると助かります。枯れ木、枯れ枝は、燃料に使えるのでまとめておくと良いと思います。

ここで注意して欲しいのは、倒木の扱いです。里山復元の際に一番危ないのが倒れかかった倒木の処理です。まずは倒れかかった木には手を付けずに作業を進めたら良いと思います。

里山復元の一年目はここまででしょう。二年目は秋の終わり頃から始まります。草刈りと枯れ木枯れ枝集めです。それが終わって冬になれば落葉掻きが始められます。落葉掻きの後には、早春には山草の花が咲き山菜も楽しめるでしょう。秋にはキノコも出てくると思います。

里山の姿はそれぞれの地域条件によって違っていて、それがそれぞれの地域の里山の個性ということになると思います。しかし、概して言えば、若さのある明るい森を作っていくことが共通した目標となるでしょう。

里山の仕事は楽しいものですが、事故、山火事、毒キノコ、スズメバチなどにはくれぐれも気をつけてください。

3．落葉利用のがしゃっぱ農業　里山農業解説（1）

「がしゃっぱ」は雑木林の落葉の地元言葉です。

がしゃっぱ（落葉）利用はやまだ農園の里山農業の大きな柱です。毎年２月頃のがしゃっぱ集めは子どもたちに大人気の恒例行事となっています。

集められた落葉の利用方法としては次の３つがあります。

①特上の自然腐葉土作り

ヤマにそのまま２～３年堆積して自然の発酵、分解にまかせます。

②踏み込み温床の材料

大きな袋に詰めて持ち帰り、踏み込み温床の材料にします。

③畑へのそのままの施用

畑に敷いたり、畑に溝を掘って筋状に埋め込んだりします。

①ヤマでの腐葉土作り

落葉や小枝はリグニンを含む木質有機物でとても分解しにくいのですが、だからこそ農業にとって至上の自然腐葉土になります。

後の節で詳しく述べますが、生きている土の中軸には「腐植」（ふしょく）があります。「腐植」は落葉などを原料とした有機分解産物が核となって作られます。

問題は、分解されにくい樹木類の遺体がどのように分解され土になっていくのかなのですが、ヤマにはそのための特別の仕組みがそなわっています。落葉などを分解していく生きもたちの連鎖の仕組みです。ヤマでは、堆積して２～３年置いておくと、その仕組みが働いて腐植を多く含んだ土が作られます。

「ヤマ」で、「２～３年放置」がポイントです。

ヤマに堆積した落葉は雨に濡れて、適当な水分となります。水分を含んだ落葉には、ヤマのキノコが菌糸を伸ばします。リグニンを含む木質有機物の分解の主役はキノコです。

地の虫たちもそこに棲み着きます。もっぱら落葉を食べる地の虫としてはカブトムシの幼虫がよく知られています。夏に、堆積された落ち葉に産卵され、孵化した幼虫は、落葉のベッドの中で寒さに守られて、冬も冬眠せず黙々と落葉を食べます。また、クワガタの幼虫は倒木などの木質を食べてくれます。カブトムシやクワガタの幼虫には落葉や枯れ木を消化できる特別の力があります。

これら地の虫の糞にはヤマの微生物が棲み着き、ミミズなどの動物たちがそれを食べて増殖します。さらに、草木の種が発芽し、根を伸ばします。

こうして２～３年経過すると、落葉、枯れ枝、枯れ木などは自然に土になります。これが腐植を多く含んだ至上の腐葉土になります。というよりも、こうして作られたヤマの表層土が、農業では腐葉土として使われるようになったのです。

腐葉土に求められる特性として、細かな土粒になっていて播種に適している、保水性、排水性、通気性が良い、などの点が挙げられてきました。しかし、それ以上に大切なことは、里山のいのちを畑に繋ぐ生物的特性でしょう。ヤマで２～３年を経て作られた腐葉土は、いのちが充実した生きた腐葉土です。落葉が分解される複雑な生物的連鎖のなかで、微生物多様性がしっかりと作られていて健全です。ヤマのいのちを繋ぐという点が、いのちの健全性が作られている点が、育苗の腐葉土としてはもつとも大切な特質だと思います。

これは落葉など（森からの落葉、枯れ枝などのリター類）の堆積による表層土壌（A0、A層）の形成という自然の本則に基づくことと考えられるのです。

「２～３年放置」は農家の心理としては迂遠に感じられるかも知れません。しかし、これを毎年繰り返せば、放置しておくだけで毎年至上の土が得られるのです。最初は少しの辛抱を要しますが、実はとても具合の良い仕組みなのです。自然と共にある農業においては時間をかけるということがとても大事な意味を持っています。時間は自然の力、いのちの連鎖が発揮されていくプロセスでもあり、無駄ではないのです。速成を求めるよりも時間をかけた方が、合理的で上質な結果が得られる場合が多いようです。

②踏み込み温床つくり

「踏み込み温床」とは野菜の育苗床についての古くからの民間技術です。

早春のまだ寒い時期に、早出し野菜の苗づくりが始まります。寒さへの対策として、苗床に温かさを補給するやり方を温床と言います。温かさの補給法としては、陽当たりの確保、覆いかけによる保温、発酵熱による加温、電熱線による加温などがあります。

踏み込み温床は発酵熱による加温育苗方式です。微生物が有機物をさかんに食べ増殖すると熱が発生します。それが発酵熱です。米ぬかなど微生物の好物を材料にすると、半日くらいで発熱が始まり、１～２日で70℃くらいまで温度が上昇します。こうした発酵熱を育苗技術として上手に利用するのが踏み込み温床です。

ポイントは、発酵熱の出し方で、高温になりすぎず、表面温度を40℃くらいで長く持続させるところにあります。発熱源は米ぬかや柔らかい草などの微生物が好んで食べる有機物なのですが、その活躍を20日ほどに長く持続させるために、微生物が食べにくい落葉を大量に使い、水分を適切に調整し、踏み込んで空気を追い出します。空気が多いと発酵は進み、空気が少ないと発酵は抑制されます。発酵促進と発酵抑制の両方のバランスをとっていくことに技術の要点があります。

やまだ農園での取り組みについて具体的に説明しましょう。

やまだ農園では、野菜の育苗用のビニールハウスがあり、踏み込み温床はその中に仕付けています。土の上に、幅２メートル、長さ10メートル、深さ１メートルくらいの枠をしっかりと作り、保温用にそれを稲ワラで囲みます。

そこに、集めた落葉、茅屋根から出てきた古茅を詰め、米ぬかをかなりたっぷり混ぜ込みます。発酵には適当な水分が必要なのでその過程で水も撒きます。水分補給の意味で、畑の野菜クズや雑草（青草）も混ぜ込みます。ここまでは発酵促進ですが、そのままだと発熱しすぎて持続もしないので、空気を追い出すために踏み込みます。

こうすると育苗に適した温度が持続し、かつ、床面は発酵微生物がいっぱいの発酵系となり、湿度も適当なので、発芽・育苗環境としては最高な環境となります。そこに種子をまいた育苗皿やセルトレイなどを並べ置きます。発芽し初期の生育が進んだ後は、外気との順応も意図して、苗を温床から出してハウス内に平置きします。温床の発酵系は、育苗過程で苗の発酵系的体質へと連続し、その後の作物の生育を支えていくようです。

以上が、落葉を利用した踏み込み温床技術の概要ですが、がしゃっぱ農業＝里山農業としては育苗が終わったあとが大事なのです。温床として使い終わった床材料からの腐葉土作りです。主に材料が落葉や古茅ですから、ここからも至上の腐葉土が作られます。

踏み込み温床処理によって、分解しにくい落葉や茅は一次発酵を終えていて、腐葉土へのプロセスが始まっています。床材料は掻き出して、堆積しておきます。そのまま１～２年放置しておくと特上の腐葉土になっていくのです。ここで1、2回切り返すと熟成は早まりますが、放置したままでも時間が経てば大丈夫です。こうして作られる腐葉土も、いのち溢れる腐植を多く含む生きた腐葉土で、至上のものです。

③畑へのそのままの施用

落葉などの畑への直接の施用もたいへん有効です。

施用法としては、土の上に敷いて被覆するというやり方と畑の土に埋め込んだり耘い（うない）込んだりするやり方があります。

まず前者について。畑の土を落葉や藁で被覆することは、土の生きもの保護にとってたいへん意味のあることです。畑の土にとって、裸のままにしておくことは土の生き物たちにとって苛酷なことです。直接の太陽光は土を痛めます。土の表面温度は過激に上下し、過乾燥になり、雨風で土は飛び、流れてしまいます。

被覆材料としては落葉が最上ですが、風に飛ばされやすいことが難点です。作物がある程度生長してから株間に敷くと効果的だと思います。

ワラ類の利用もとても好いと思います。稲ワラ、小麦わら、古茅などは敷わらのためのとても良い材料です。土の水分を保持したいときには稲ワラを、やや乾き気味にしたいときは小麦ワラや古茅が良いと思います。

次は落葉の埋め込み、耘い込みについて。繰り返し述べてきたように落葉は分解しにくい有機物です。別の言い方をすると施用した後々まで長持ちする有機物です。その点で落葉の耘い込みは畑の土の水はけを良くし、同時に保水性も向上させるなど物理性改善にとても効果があります。

また、溝を掘っての埋め込みにはまた別の効果もあります。こうすると畑の土中に里山の林床のようなものが作られます。落葉を素材としてそこに様々な微生物や土の虫たちが繁殖します。埋め込んだ落葉は畑の土の生物性の改善の拠点としての役割を果たしてくれます。ただ、埋め込んだ落葉に作物の根が直接伸びると、悪影響が出ることもありますからその点は要注意です。

落葉の埋め込み利用は、短期的効果よりも、畑の土の改善のための長期的効果を期待して、毎年継続的に実施したら良いと思います。

4．古茅利用の茅屋根農業　里山農業解説（2）

やまだ農園の里山農業は、築100年の茅屋根の農家を譲り受けたことで、新しい展開が始まりつつあります。この節ではかつての典型的な農家住宅だった茅屋根と農業のさまざまな係わりについて述べてみたいと思います。

現在では、農村農家でも、住宅は大工さん、工務店任せになっていて、農業や地域の自然との関係はほとんどなくなってしまっています。しかし、それは半世紀くらい前からのことで、それ以前は、住宅＝住生活も地域の自然を基盤とした自給的なもので、農業と隣り合わせにある営みでした。この二つはとても関係の深いものでした。住宅も農業も、地域の自然資源を循環的に活かした、お金のかからない永続性のある暮らし方だったのです。

BS番組で山田君は補修が終わった屋根の上で次のように語っています。

御手洗さん（茅葺き職人）のお仕事を手伝わせてもらって、茅屋根とはどんなことなのかがようやくわかりました。要するに生き物とどうつきあうかということであり、ほんとに面白い。生き物たちと昔の人はこうしてつきあってきたのだと思うと凄いなと感じます。

この山田君の「生き物」という言葉を、この節では「地域の自然」という意味に広げて考えてみたいと思います。

茅屋根とは草で葺いた家ということですから、その前提として地域に屋根葺きに適した草がたくさんあることが必要でした。

もともと「茅」という言葉は特定の植物名ではなく、屋根葺きに適した草という意味です。「萱」という字をあてることもあります。植物種としてはススキ（芒）とヨシ（葦）が主なもので、ススキは乾燥した土地に、ヨシは水辺に群生します。水辺の地域ではヨシが、それ以外の地域ではススキが屋根葺きの主な材料となりました。世界的分布としては、ススキは日本独特の植物のようで、ヨシは世界各地に分布しているとのことです。

ススキやヨシが屋根葺きの草に適しているというのは、草丈が長い、丈夫で腐りにくい、大量に群生する、等の理由によります。

草屋根は、20～30年ほどは保つことが期待されるので、丈夫で腐りにくいという特性は重要です。草の腐りにくさは、主に、草の体の炭素Cと窒素Nの成分比率で決まってくるとされています。窒素の比率が小さいと腐りにくくなる、別の言い方をすると微生物によって分解されにくくなります。草丈が長いという点では稲ワラや小麦ワラも屋根葺き材料に適しているので利用されていますが、腐りにくさでは、ススキやヨシにはかないません。

屋根葺きには大量の茅が必要なので、草葺き屋根の農村ではススキやヨシが群生した広い土地が必要です。ススキやヨシを群生させた土地は、前にも書きましたが、「茅場」（かやば）と呼ばれていて、茅植物の群生維持のために独特の利用管理がされていました。

最近の生態学では種の多様性が大切だと語られることが多いのですが、茅場としては、ススキなどの１種が優占的に群生していることが必要となります。

草原の植生は時間と共に変化していきます。裸地の土地には初めは１年生の草が生え、それが次第に多年生の草に置き換わり、さらに日本のように多く雨が降る地域では、草原は次第に樹木の森に変わっていきます。こうした変化を生態学では「遷移」と呼んでいます。草原についての遷移のプロセスとしては茅場のススキは最後のステージに位置すると考えられています。

多年生の草が優占となった草原が、森に移行する直前のステージにススキの原が位置しているという理解です。森になる流れを止めてススキの原を維持していくのが「茅場管理」の要点となります。そこでの決め手は冬の時期の刈り取りです。刈り取られた後のススキの株の春の芽生え力は、他の草類や灌木類と比べて特に強いので、毎冬の刈り取りによって、茅場の茅植物の優占度は維持され少しずつ強まっていくようです。

茅場とよく似た草原として「秣場」(まぐさば）があります。農村で畜力利用のために牛馬が飼われていた頃、家畜の飼料のために管理されていた草原のことです。一見よく似ているのですが、茅場と秣場は違います。まず草の種類の違いで、茅植物は、牛馬は好んでは食べません。また、秣場は、年に３～４回は草を刈取りますが、そういう管理では茅植物はなかなか群生しません。

ここでは草屋根に関して茅についてだけ述べてきましたが、屋根の葺き替えでは稲ワラや小麦ワラもたくさん使います。やまだ農園では、80アールの田んぼをやっていますが、稲作は米つくりであると同時にワラつくりだと位置づけています。品種選びでは、最近の草丈の低い短稈品種ではなく、丈が高く茎の太い昔ながらの長稈品種を選び、手刈り、バインダー刈りをして、オダ（稲架）でていねいに自然乾燥させ、全量藁小屋に収納しています。稲ワラは屋根葺きだけでなく、畑の敷ワラとしても使われています。

茅のことに戻ると、茅場管理には難しい問題があります。屋根葺きの際には大量の茅が必要ですが、一度葺いてしまえば、20～30年ほどはそのままで大丈夫なので、その期間の茅場管理、年に一度の刈り取りを誰が担当し、その茅を誰が使うのかという問題です。また、屋根葺き仕事についても、屋根の上での仕事は専門の職人さんを頼むにしても、茅の準備や古茅の始末などさまざまな仕事が膨大にあり、家族の手間だけではとても足りません。

昔の農村では、茅場管理や屋根葺きについてのこうした難課題について、お互い様の助け合いという気持ちで、個々の家に任せるだけではなく、地域社会として解決していくために、互いに協力し合っていく「もやい仕事」（お互い様で助け合う協働仕事）というやり方を作り出しました。

茅刈は毎年実施が必須、しかし、各戸が大量に必要とするのは20～30年程に１度です。たとえば20～30戸の茅屋根集落だとしたら、毎年、みんなの仕事として取り組み、その年に屋根葺きをする家が、その茅を使うという形にしていけばうまく廻っていきます。屋根葺き仕事についても、例えば葺き替えは毎年１軒と決めておけば、みんながそれを手伝い、年ごとに廻していけばこれもうまく解決していきます。

こうした難課題への対処としては、むら的なもやい仕事というやり方がとても適していました。むら社会のすばらしい知恵でした。

しかし、その後、茅葺き屋根の家は激減し、こうしたむらの仕組みも壊れてしまいました。需要が少なくなった茅場は畑などに転用され、手伝いのもやい仕事の仕組みもなくなってしまっています。そんな中で茅葺き屋根の家を維持しようとすると、結局はお金で対処していくほかなくなっていきます。茅葺き屋根は地域にある自然資源を自給的に、そして循環的に活用した営みでしたが、現在ではそうした屋根葺きのための茅などの自然資源も仕方なく購入に頼ることが多くなっているようです。かつては、手間はかかってもお金はあまりかからなかった茅葺き屋根の維持は、とてもお金のかかるようになってしまいました。

しかし、やまだ農園にはそんなお金の余裕はありません。そこで考えついた道が、放置されてきた地域資源の掘り起こしと「もやい仕事」の再建でした。NPO法人「八郷・かや屋根　みんなの広場」の設立と「やさと茅葺き屋根保存会」(旧八郷町とその周辺の茅屋根農家らの仲間組織）への参加にはそんな意味も込められていました。

茅屋根の家は、「みんなの広場」として活用され、やまだ農園のいのち溢れる農業が、みんなの参画で進められていく。その過程で、茅場の再生、茅刈りから始まる屋根葺き仕事もみんなの仕事として取り組まれていく。他では体験できないとても貴重な機会として。この第Ⅱ部解説の１で述べた「みんなで取り組む参加型農業」の一コマに屋根葺き仕事を組み込んでいくというあり方です。これは「もやい仕事」の現代的あり方だと位置づけられます。

放置されていた自然資源を見つけ出し、手間はかかるけれど、できるだけお金はかけないというかつての屋根葺きのやり方を現代的に再現しようとしているのです。ここでは「手間」を負担とだけと考えずに、むしろ「手間」に参加の意味を込めようとしています。

それが現代的な「もやい仕事」になるのだとすれば、参加するみなさんにとって、単なる手伝いではなく、自分を含めたみんなにとっての「共益」の仕事だという位置づけが前提となります。

では、ここでの茅屋根保全の、参加するみんなにとっての「共益」とは何でしょうか。

まずは、茅屋根民家を「みんなの広場」とすることの心地よさとそれへの満足でしょう。「みんなの広場」、そこでのさまざまな取り組みはとても心地よいものとなってきています。その心地よさの根拠の一つは、みんなで茅刈りをしてその茅で葺き替えが進んでいる茅屋根だという点にあると思います。

猛暑の夏に、涼しい風が通る茅屋根屋敷には、クーラーの効いた部屋では得られない心地よさもります。

寒さの季節になると囲炉裏に火が入ります。囲炉裏での小さな炎と暖かさ、そこでの語らい、これも「みんなの広場」の茅屋根の家ならではのことでしょう。

茅屋根屋敷は、微生物環境としてはおおよそ発酵系が維持されているようです。大地に立つ草屋根。大地も草屋根も微生物たちの安定した住処です。そしてその適度な風通しの良さ、そこでの発酵食品である味噌の仕込み。そうしたことの結果としての微生物的環境の良さも、心地よさの一つなのだと思います。

しかし、さらに大きな「共益」は、荒れた耕作放棄地としか評価されていなかったススキの群生地を有益な茅場として発見し、屋根の葺き替えから出てくる古茅（ふるかや）も、里山農業の土づくりに大きく貢献していくという点にあるように思います。

耕作放棄地から茅場への土地利用の位置づけ転換は地域の二次的自然の利用再建であり、里山再建の重要な一場面です。

また、古茅利用は自然と共にある農業の土台としての土を豊かに作ってくれます。

落葉利用のがしゃっぱ農業の節（3）でも書きましたが、微生物的に分解しにくい有機物は、土づくりにおいて特別な意味を持っています。

次の節でお話しする雑草などの青草は、土に戻されると直ちに微生物的な分解が始まり、それは土によって消化され、作物の生育を速効的に助けてくれます。しかし、青草などの利用の繰り返しだけでは、農業の過程で土は次第に痩せていってしまいます。若い有機物は速効的に分解消化され、その過程で古い有機物も次第に壊れ、農業を続けていくと土は次第に痩せていってしまいます。ここに人の営みとしての農耕が必然的に抱えている大きな問題点があるのです。

この問題点を補正し、農耕による土の消耗を防ぎ、豊かな土を取り戻して行く。その役割を果たしてくれるのが、分解しにくい有機物の積極的な活用なのです。その代表が里山の落葉であり、茅場・茅屋根からの大量な古茅です。

BS番組での、踏み込み温床つくりの場面を思い起こして下さい。がしゃっぱ＝落葉と古茅が持ち込まれ、それに米ぬかをたっぷりと混ぜ合わせます。子どもたちも楽しく参加する、あの場面こそ、里山と茅場（原）からの農地への応援を作り出そうとする情景なのです。

これを茅屋根の「共益」だとすれば、それは、実は、自然と共にある里山農業への贈り物だと考えられるのです。

5．雑草活用の雑草農業　里山農業解説（3）

やまだ農園での雑草についての見方、考え方は、農業界一般、さらには世間一般とはかなり違っています。やや極端な言い方になりますが、雑草は一般的には「悪」とされますが、やまだ農園の里山農業へのチャレンジにおいては「宝物」のようにも捉えられています。そこには視点のおき方についてのかなりの違いがあります。

雑草は悪だという一般的な見方の場合は、作物と雑草との厳しい競合という場面に主な関心が集中していますが、やまだ農園の雑草論では、雑草の勢いは、農地のみどりの力の象徴であり、自然資源としてもとても大切な存在だと位置づけます。やまだ農園でも、雑草と作物の競合での苦戦も続いているのですが。

やまだ農園の周辺には、雑草も生えない痩せた農地が散見されます。それは粗放な栽培がされてきた農地ではなく、精農家が丹精に管理してきた農地である場合が多いようです。そこでの精農家の農地管理は、トラクタで丁寧に耕耘し、化学肥料をたくさん施用し、雑草については事前に除草剤をたっぷりと、ということになります。こうした管理を続けていくと、土壌有機物の分解は促進され、有機物量も極端に減少し、土の中の雑草の種もぐっと少なくなっています。これは、農耕に伴う土の生物性の極端な劣化だと考えざるを得ません。

雑草学という研究分野があり、そこでは「埋土種子」(まいどしゅし)という概念が重視され、埋土種子をできるだけ減らしていくことが技術的目標とされています。他方、生態学においては「シードバンク」という概念が重視されており、生物多様性に関して、埋土種子はとても重要で、豊かな生態系はシードバンクによって保全されると考えられています。

雑草学と生態学とでは雑草についての見方に違いがあるようです。

やまだ農園の場合は、化学肥料や農薬などの購入資材は使わずに、農地とその周辺の自然生産力＝みどりの力に寄り添って農の営みを進めようとしています。その場合、雑草も生えない農地では困るのです。雑草が盛んに生える畑なら、化学肥料なしでも作物は元気に育ちますが、雑草も生えない畑ではどうにもなりません。

やまだ農園でもそれに近い畑を引き受けることもありましたが、そこでは土の生物性回復にはかなりの努力が必要でした。そこでの努力目標は、雑草がよく生えるような畑にするという点に置かれていました。雑草も生えるような生物性の回復には数年かかります。

ここで畑の自然にとって雑草がどんな役割を果たしているかについて振り返ってみましょう。

まず、畑が雑草に覆われることで、畑の生き物たちの住処は豊かに安定し、虫、小動物、微生物たちの生態系は安定していきます。このことで病気や害虫の大発生はおおよそ防止されます。

畑の雑草は、年に数回は刈り取られ、そのまま畑に戻されます。畑に還元される有機物は相当な量となります。

畑の土に還元される有機物は、土の虫や小動物、微生物の餌になりますが、草の種類が多いので、それを餌にする土の生き物たちの種類も多くなり、土の生き物の安定した多様性が作られていきます。その分解産物のありようも多様になり栄養的にも豊かに安定していきます。

雑草の根は量も膨大で、地上部での光合成の成果も取り込みながら、また地上部から酸素の供給も受けて、さらに様々な物質を分泌しながら、根群は土の中で能動性をもってしっかりと生きています。根の活動によって、根群周辺には酸化的な環境が作られ、微生物の活動も活発化していきます。雑草の根と微生物との共生的関係の形成の意味も大きいようです。

根の張り方は、草の種類によって様々ですが、なかには１メートルも根を伸ばす草もあります。雑草の根は、土壌の物理的構造を作るなど、深い層も含めての土壌形成も進めてくれています。

古茅利用についての節で植生の遷移について触れました。そこでは、草原の植物の種類は、年々、変化していき、草原は森に変わっていくと書きました。

これはそこに生える草の種類に注目しての話でしたが、そうした遷移の過程は同時に土壌生物性の成熟過程でもあります。普通の畑利用の場合は、毎年、耕かされ、裸地、一年生植物優占の状態に止められますが、土壌形成については、遷移の推移と同じように進行していきます。

農耕においては、どうしても土の劣化を招いてしまうと前に書きましたが、雑草の土地ではそうした問題は生じません。むしろ土は少しずつ良くなっていくのです。

やまだ農園の野菜栽培の土地利用は、ほとんどの場合は年１回の作付です。多くの野菜では、栽培期間は４～５ヶ月ほどで、それ以外の期間は雑草草生に任されます。雑草草生をさらに盛んにさせるために、土づくり効果の高い雑草＝緑肥の種も蒔くこともされています。こうした土地利用は、別の言い方をすれば、１年生の雑草を中心とした農地生態系が基本となり、そこに一時期、野菜も栽培されているということなのです。

伝統的な農学の体系の中には「休閑」という概念が重要なものとして位置付けられていました。ある期間、作物を栽培せず、農地を休ませ、自然の力を回復させていくという土地利用のあり方です。やまだ農園の雑草農業は、このような「休閑」の現代的再生だとも考えることができるように思います。

やまだ農園の場合には、畑の生産力は、肥料で支えられているのではなく、雑草草生によって支えられており、しかも、それによって畑の土は年ごとに少しずつ良くなっていくようなのです。肥料で野菜を育てるのではなく、草の力に依存しながら野菜が育つというあり方が工夫されているのです。ここに自然と共にある農業＝里山農業の確立を目指すやまだ農園の野菜栽培論の大きな特徴があります。

もちろん、やまだ農園でも、作物と雑草の競合は大きな問題です。雑草の勢いに負けて野菜がしっかり育たないこともあります。

草取りは苛酷な作業なので、できるだけ草取りをしないで済むような工夫もしていますが、うまくいかないこともあり、つらい草取りが強いられることもあるようです。しかし、それでもやまだ農園では雑草を敵視するのではなく、草取りに追われる状況を脱して、雑草との共生農業が目指されているのです。

その工夫としては、適切な耕耘、早めの中耕があります。雑草は、発芽直後が一番弱いので、早めの軽い中耕はとても効果的です。手鍬・除草鍬や中耕用の管理機の出番ですね。

敷草、マルチもとても有効です。敷草としては、古茅、麦ワラ、稲ワラ、落葉などが利用されます。敷草自体も、土を保護し、土を良くしていくとても大きな効果があります。しかし、なかなか敷草対応の手間が確保できず、ビニールマルチに頼ることが多いのが現実です。

ビニールマルチからの脱却はやまだ農園の大きな課題とし残されています。

夏の時期の暑熱を活用した太陽熱処理も、その時期の雑草対策としては、欠かせないものとなっています。

以上が、畑での雑草利用の概要ですが、加えて、雑草の堆肥作りがあります。やまだ農園では草刈り後の雑草の持ち出しはあまりしていませんが、他からの雑草処理を頼まれて持ち込まれる雑草も結構たくさんあります。それについては、持ち込む前にできるだけ１～２日陽に当てて一干ししてからとお願いしています。その方が軽くて持ち込みやすくなります。青草による堆肥作りの難点は水分過多にあるので、一干しは効果的です。水分調整のために、余裕がある時にはもみ殻などを加える工夫もしています。しかし、基本的には青草堆肥の場合も、積んでおいてそのまま１～２年が経過するという形が多いようです。時間をかければ、量は減りますがとても好い堆肥に仕上がります。

６．地域における食と資源のぐるぐる回り

以上が、やまだ農園における落葉利用、古茅利用、雑草利用という３本柱からなる里山農業へのチャレンジの概要です。しかし、その他にも、地域社会を場としたさまざまな資源と農業の連携の取り組みがされています。やまだ農園についての解説の最後に、それについて触れておきましょう。

やまだ農園の二人の子供は、「そとの保育園」という私立保育園に通っています。やまだ農園、みんなの広場での人の輪の中心には、「そとの保育園」での仲間たちがいます。

やまだ農園の農業と保育園の資源的な連携としては、給食の残渣の

引き取りがあります。保育園からは、毎日、大きなポリバケツに１～２杯の給食残渣が出てきます。やまだ農園では、それを毎日引き取って、堆肥作りに使っています。たくさんのもみ殻などと混ぜるので、生ゴミ堆肥化でも管理は不要です。

また、保育園ではだいぶ以前から給食用の味噌は地元の有機農業農家と連携して手作りしてきました。味噌作りを担当されてきた方が、高齢化などのため担当の交代を希望され、やまだ農園が引き受けるようになりました。

味噌仕込み会にはみんなの広場の仲間たち、そして保育園の仲間たち、そして子どもたちも大勢が参加します。仕込み量が多いので仕込み会は３～４回にわたります。この時に、希望者には仕込み味噌を頒布しています。

大豆の煮込みは大釜大竈５基を使います。その折りの燃料には、里山から集めた枯れ木、枯れ枝（これは粗朶（そだ）と総称されています）がふんだんに使われます。味噌の糀も手作りです。

山田家の長女は、小学生となり、近くの恋瀬小に通うことになりました。ここから小学校とのお付き合いが始まり、学校からでる落葉や花壇クズなどは、その都度、やまだ農園が引き取るようになりました。また、３年生の「総合学習の時間」の一環で３年生が、やまだ農園にやって来て、屋根葺き用の杉皮剥きの体験をしました。これからは田植えや稲刈りの体験学習へと発展していくことが期待されています。

やまだ農園では、さまざまな利用のために、もみ殻や米ぬかを大量に使います。秋には、近在の農家にもみ殻を譲ってもらいます。量は２トン車10台ほどになります。もみ殻は、燻炭にして、腐葉土、ぼかし肥料などにふんだんに使います。燻炭作りは冬の仕事になります。

米ぬかは、知り合いの大規模稲作農家から100袋ほど購入します。

この米ぬかがやまだ農園としてのほぼ唯一の購入資材です。

付. 里山農業の土壌論

やまだ農園が取り組む里山農業についての解説は以上の通りなのですが、付け足しに「里山農業の土壌論」について少し書いてみました。私の土壌認識は、一般的な土壌学とは少し違っており、少し補足しておいた方が理解し易いと考えたからです。やや専門的な説明になるので、関心のある方向けの補足です。

①地球の歩みと土「みどり」が「土」を作った

農業は、作物と土地と人の３つが主体として関係し合いながら営まれます。この３つの主体はそれぞれとても大切なものですが、私はそのなかで土地が一番の基礎になっていると考えています。土地には、地形や広さ、その土地固有の気候条件などいろいろな要素が含まれますが、なかでも「土」「土壌」の役割が特別に大きいと考えられます。

農業の始まりには、地球が土に覆われているという前提条件がありました。

土は地球誕生の最初からあったものではありません。もともとの地球は、他の惑星と同じように瓦礫の星でした。そこに「いのち」が生まれ、いのちの働きで「みどり」が生まれ、土はそのみどりによって作られてきたものです。いま地球はみどりに覆われ、土に覆われていますが、地球の歴史の中で、それは最初からではありませんでした。

この本で考えてきた里山農業では土の意味や役割はとても大きいので、ここで、地球史における土の歩み、土壌形成の歩みについて簡単に振り返っておきたいと思います。

地球は約46億年前に誕生し、生命は38億年前に、浅海で生まれたとされています。長い間、浅海に漂って生きてきた原始の「いのち」たちは、海の上に広がる大気との交流に挑むようになり、大気中の窒素N_2や炭酸ガスCO_2を利用する能力を獲得します。画期的なことでした。

窒素固定の能力を獲得した生きものと炭酸ガスを固定利用する能力（みどり＝クロロフィルによる光合成）を獲得した生きものは別の系統だったようです。窒素固定能力は一部のバクテリアやカビに引き継がれ、光合成能力は緑色植物の基本的性能となりました。光合成によって、太陽光と水と炭酸ガスから、炭水化物が作られ、また、酸素が大気に送り込まれてくことになります。

この大気との交流能力の獲得が、生きものたちの地上への這い上がりを促したものと思われます。生きものの陸上への這い上がりは５億年ほど前だったとされています。

その頃、地上は瓦礫の原で、もちろんそこには土はありませんでした。生き物たちが地上で生き続けることはたいへんなことだったろうと思います。当初は、根などの器官のないコケ類などの植物類と微生物類が相互に助け合いながら這い上がった場所での陸上生活が始められたようです。

光合成能力を獲得した植物たちの地上での進化は目覚ましいものでした。陸上に出た植物類はより良く光合成をしていくために、茎などの維管束、根をもった種類に進化し、茎葉の遺体は少しずつ地表に堆積し、根は地表の鉱物の生物的風化を促進し、原初的な土壌形成が始まったものと考えられます。

植物の進化は、さらに、高く伸びられる樹木へと進みます。リグニンを含む硬い木質セルロースを生産する能力を一部の植物群が獲得し、それが樹木となっていきます。そして３億5000万年前頃には樹木群は大森林へと展開していきます。この頃の膨大な樹木遺体の堆積物が石炭となったということのようです。

樹木遺体が堆積して化石化しそれが石炭になるということは、当時は、樹木遺体を食べる（分解させる）生きものがまだいなかったことを意味していました。しかし、その状態は３億年前頃に崩されていきます。硬い木質の基幹となっていた難分解のリグニンを含むセルロースも食するキノコ類が進化出現してきたのです。

キノコ類の出現による石炭紀の終わりは、土壌形成の大展開への起点となりました。キノコ類は木質有機物を分解しますが、なお分解され切れず残ったリグニン系の有機物が核となって土壌腐植が形成されていきます。膨大な樹木遺体の堆積とその分解、そして腐植形成という長い過程は、バクテリア、カビ、虫類、小動物などのたくさんの生きものたちの参加を得て、土壌を分厚い層として作り出します。

土の形成と蓄積は、長い地球史としては比較的最近のことだったのです。いま私たちの前に存在している土とはそういうものなのです。植物の光合成能力が、みどりの自然を作り、それが大森林となり、その過程での生き物たちの連鎖が作り出したのが土でした。ですから、土はみどりの力（植物の光合成の働き）を基盤とした自然物だと考えられるのです。

②「土」の生物的側面と「腐植」（ふしょく）の形成

土には鉱物的側面と生物的側面があり、生物的側面はいま述べたみどりの力の結果です。

土と言えばまずは粘土や砂などの鉱物的側面が頭に浮かぶことが多いと思いますが、私は、土を土たらしめている要素はむしろ生物的側面にあると捉えるべきだと考えています。もし、生物的側面が欠ければ、土は瓦礫の一部でしかないということですから。

土の生物的側面に関して、まず重要なことは、土の中ではたくさんの生き物たちが生きているということです。

先に、地球史における生き物たちの地上への這い上がりについて述べました。当初は、海の岸際で微生物集合体がこびり付くように生き始めたのでしょう。そこでの微生物は生きて、死んで、その遺体の上でまた生きて、という連鎖だったのでしょう。地上に這い上がった生きものたちは、自分たちの遺体の上で生きていて、次第に生きる場を広げていったと想定されるのです。地球史において地上への這い上がりのプロセスは生と死の連続的累積として進行したという理解が何より重要だと思います。生と死の連続は、地表の鉱物質とも結び合い、栄養的にも交流しながら、次第に原初的な土をつくり、生きものたちはその原初的な土を生きる場として広がっていったものと考えられます。

死がなくては生はなく、死が（微生物たちの遺体群が）土をつくり、それがその後、長い時間を経て母なる大地へと蓄積し、展開していったのでしょう。ですから土の歴史は、まさに生き物たちが生きてきた歴史としてあったと考えられるのです。

そうした長い地球史を経て、いま、土のなかではたくさんの微生物、小動物、そして植物たちの根が生きています。そして、それらの遺体は土壌有機物として生き物たちが生きていく基盤になっているのです。

土の生物的側面とは、まず土の中で生きている生き物たちであり、またその遺体としての有機物であり、長い歴史の中で、その両者は一体のものとしてあったと考えられるのです。さらに、そこに地上部からの大量な、そして多彩な有機物の供給が加わります。繁茂した植物、動物、そしてそこで生きる微生物も、最終的には土に戻ります。

遺体としての有機物は、そして地上からの有機物は、土中の生き物たちの餌となります。遺体としての有機物の分解過程とは、有機物の無機物への還元ということだけではなく、そうした遺体から生への連鎖でもあったということです。

別言すれば、地上の生き物たちの営為の最終的な集約点として土があり、土は作られていったという言うことなのです。

しかし、この連鎖がただの完結した連鎖だったとすれば、そこには連鎖はあっても、構造的な蓄積はつくられません。

それは単なる完結した連鎖ではなく、実際には食べ残しや食べられないものなどの残渣が残り、それが少しずつ蓄積されていく。その蓄積が、長い歴史の中で土となっていったのだと考えられます。

さらにその蓄積をよく見ると、それは単なる累積ではなく構造物の形成でした。その構造物が「腐植」(ふしょく) だったということなのです。

「腐植」とは、微生物などの働きで有機物が分解され、それでも残った小さな有機物が核となり種々の有機物分解生成物や土の鉱物質（アルミニウムや鉄など）とも強く結び合った複合体です。それは分解しにくい有機物群として土に残り、それが土の構造を作ります。

「腐植」は分解しにくい有機物の集合体だと述べましたが、しかし、それは有機物であって、長期的には分解し、壊れていきます。化学肥料や農薬を多用する土壌管理の下では、その分解、崩壊は早まるようです。したがって、腐植は常に少しずつ補充されていくことが必要となります。「腐植を作り出す森」と「補給を待つ農地」との結びつきが必要となる所以です。

「腐植」は、土の鉱物的側面の中軸をなす粘土鉱物と対をなすような存在です。粘土と同じくマイナスに荷電されており、土壌中のプラスイオンの土壌養分を保持し、粘土と共に土の地力の実態をなすものです。また、それは、土にたくさんの隙間を作り、土を柔らかくし、通気性と保水性をもたらします。また、腐植は土壌微生物の重要な住処ともなっています。

ここで土壌有機物の分解についてさらに少し付言しておきましょう。
土壌中の有機物は微生物などの働きで分解され無機物となり、それが栄養として植物などに吸収されていく。これが従来の土壌肥料学における説明でした。しかし、有機物は分解して無機物になるということだけでは、前に述べたような土壌形成の地球史的歩みは理解できません。そこでは「分解される有機物」だけでなく、「分解されず残った有機物」の意味も重要なのです。
また、分解され無機物となるという結果だけでなく、いま上に述べたように、分解のプロセス自体が、土壌中の生き物たちの生きる営為として、いのちの連鎖としても重要なのです。
従来の土壌肥料学では、この点への踏み込みが著しく欠けていたと思います。
土は生きているのです。有機物の分解は、その一側面なのであり、そのプロセスは、微生物、土壌生物、植物などが生きる動態であり、そこには複雑な相互の関連性もあります。生きる動態ですから、そこには分解だけでなく、合成や生成もあり、何よりもいのちの連鎖があります。
分解されきれずに残され作られた「腐植」は、そうしたさまざまな生き物たちの生の営為の実に複雑な展開を支え、そのための安定した場を作ります。

いま生態学の世界では「生物多様性」という概念が重視されていますが、「生物多様性」の原点は、あるいはその原型は、土壌中の生き物たちの生の営為にあると考えられます。

土壌中の生き物たちの生の営為をそのように捉える視点からすれば、土壌に加えられる有機物は、多種多彩であることが望ましいということになります。

いま分解しにくい有機物が、腐植形成において重要な意味があると述べました。ここで、分解しにくい光合成生産物の代表として「山の落葉」と「茅屋根の古茅」があります。いずれもやまだ農園の里山農業としての取り組みにおいて、重視されている資源です。

山の落葉・枯枝はリグニンを含む木質セルロースを多く含んでいます。

茅屋根の古茅は炭素率が極端に高い草のセルロースでできています。

青草などの柔らかく栄養豊富な有機物も重要ですが、貧栄養で分解しにくい枯枝、落葉、古茅などの有機物にも大切な意味があるのです。さまざまな分解特性をもつさまざまな有機物が多彩に、そしてある程度連続的に加えられていくことが土壌の生物的仕組みを保全し、その活性を安定的に高めていくのです。

土へのさまざまな有機物の継続的施用は、単なる栄養源の補給なのではなく、持続性のある構造的土づくりへの営みとして構想されるべきだと考えられるのです。

〈補足１〉CO_2排出正味ゼロ＝カーボンニュートラル論ではダメ

国連が提唱した「ミレニアム生態系評価」(2001～2005）に参加した国立環境研究所の竹中明夫さんは生態系機能と生態系サービスについて次のような解説を書いています。

生態系のなかでは、生物と環境との間でさまざまな相互作用が営まれています。植物は太陽からの光を受け、空気中の二酸化炭素を吸収して有機物を作り、土の中の水や栄養を吸い上げ、多くの水を大気に返し、枯葉や枯れ枝を落として土壌を作ります。動物はほかの動物や植物を食べ、排泄物を出します。微生物は動物の遺体や排泄物、植物の枯葉や枯れ枝などの有機物を分解します。個々の生き物の作用は小さくても、それがまとまれば環境に大きな影響を与えます。生態系の中での生物と環境との相互作用をまとめて、生態系の働きとしてとらえることができます。これを生態系機能と呼びます。

（中略）

人間が現在の生活を維持していくために、生態系が果たしているさまざまな機能はなくてはならないものです。生態系の機能のうち、とくに人間がその恩恵に浴しているものを生態系サービスと呼びます。

（竹中明夫「生態系機能と生態系サービス」『国立環境研究所ニュース』2002年度21巻３号）

ミレニアム生態系評価では、このように位置づけられる「生態系サービス」について、主な領域として「供給サービス（暮らしの基礎）」「調整サービス（安全な生活）」「文化的サービス（豊かな文化）」そしてそれらを支える「基盤サービス（いのちの生存の基盤）」の４つに整理し、私たちの暮らしはこれらの多面的な「生態系サービス」に大きく支えられているとしています。これらの「生態系機能」に基づくさまざまな「生態系サービス」の基礎には生物多様性があるという認識も普通のこととなっています。

同時に、ミレニアム生態系評価では、「生態系サービス」を巡る状況は、近年、多方面にわたって劣化し、深刻な危機に陥っているという厳しい評価もしています。生物多様性の危機がそのことを象徴していると考えられています。

ここで「サービス」という言葉についですが、竹中さんは、これは経済学から借りたものとしています。しかし、「サービス」という言葉は日本語としても一般用語となっており、その使い方のニュアンスはかなり幅広く、ミレニアム評価での意味内容を適切に伝えるものとはなっていないように思います。私たちの言葉としては「恵み」に近いもので、「生態系サービス」は「自然からの恵み」という言葉に置き換えた方が良いのではないかというのが私の感想です。

さて、世界の多数の科学者の協力を組織した国連の地球環境問題に関する大きな取り組みとしては、上述の「ミレニアム生態系評価」に先行して進められてきたIPCC（気候変動に関する政府間パネル、1988年～現在も継続）があります。

IPCCは2023年３月に第６次評価報告書（統合報告書）を公表しました。その要点は「AR6統合報告書　政策決定者向け要約（SPM）」に示されています。

そこでは19世紀後半期を基準とした世界平均気温は1.1℃上昇しており、すでにオーバーシュートの局面に入りつつあると厳しい警告を発しています。岐れ目は1.5～２℃の上昇で、これを回避できなければ、地球環境は1000年単位での危機に落ち込むだろう、地球環境の大破綻回避の鍵はこれから10年の対策実施にあると、緊急対策の強化を強く呼びかけています。

緊急対策の目標は「CO_2排出の正味ゼロ」（＝カーボンニュートラル）だとしています。IPCCによって「カーボンニュートラル」が、世界的な緊急の政策目標として改めて提示されたのです。

IPCCの評価報告書は、ミレニアム生態系評価における「生態系サービス」が全体として崩壊的な危機に瀕している、という認識に関して、それは科学的にみてほぼ確実だと強く警告しているわけです。危機を回避するにはここ10年の取り組みが決定的に重要で、その目標は「正味ゼロ」＝「カーボンニュートラル」だとされているのです。

実にさまざまな科学的知見冷静に総括したIPCCの警告と提言を読めば、もう方向は定まった、取り組み方向には議論の余地無し、と判断するのが普通でしょう。

しかし、私にはそうは思えないのです。

「正味ゼロ」＝「カーボンニュートラル」という考え方に基づいて、これからの10年を突き進めば、危機はほんとうに回避されるのか、それはやはり期待的空論に終わってしまうのではないかというのが私の率直な感想なのです。

地球環境危機が「オーバーシュート」の段階に至っているという警告は、マサチューセッツ工科大学のメドウズらがすでに1992年に発しています。メドウズらはいま本気で取り組めば危機は回避できるだろうと私たちを励ましました。それからもう30年も経過しているのです。しかし、危機は深刻さを増すばかりというのが現実です。

この30年についての評価としては、それでもさまざまな対策によって危機、破綻へのスピードは弱まっている、取り組みがなお不十分だったと考えるべきだという見方もあるでしょう。日本政府の曖昧な対応を身近に知っている私たちとしては、こうした見方にも一理ありという感想も出てきます。

しかし、私はこの政策路線のままでほんとうに良いのかという疑問についてもっと踏み込んで考えるべきだと思うのです。

IPCCの警告や緊急提言は、危機の指摘は実に正しいと思いますが、危機に至る背景についての認識は平板で、そこからは文明のあり方の見直しという認識は見えてきません。危機に至る背景には自然と離反した文明のあり方があったことは明らかなのにそのことは明示されていません。危機を招いてきた近現代の文明的な流れをそのままにして、その流れを大きくは変更することなく、厳しい対策だけを提起しているように思えるのです。私はこれではダメだと思うのです。

危機に至る背景に、産業革命以降の文明のあり方にあったことは明確で、そこに危機への起点があったことはIPCCとしても明確に指摘しています。しかし、その認識を踏まえたその後の事態の展開にはどういう問題点があったのかについて何も深められていないように思えます。

自然と共にあるというそれまでの文明の基調を放棄して、自然と離れ、自然をないがしろにして、自然を壊していくというあり方が、近現代文明の基本にありました。

「生態系サービス」の大切さを明確にしたミレニアム生態系評価では文明のあり方に大きな問題があることをある程度示唆していると読み取れます。しかし、IPCCの評価報告書では、そのことにちゃんと向き合えていないというのが私の判断です。

こうした私の見方からすれば、対策の基本は、みどり重視への抜本的な転換、自然と共にあろうとする暮らし方、文明のあり方への大転換に置かれるべきだということになります。ミレニアム生態系評価に則して言えば「生態系サービス」の保全と本格的回復を第１の明示的な課題とする、ということになるでしょう。

しかし、IPCCが提起した「正味ゼロ」＝「カーボンニュートラル」対策の実際のほぼ全ては、みどりの重視という方向への転換ではなく、従来型の工業的なイノベーションに依り頼むということになっているのです。ここに経済成長の次のフロンティアがあると感じている経済人も少なくないようです。これでは危機はかえって悪化してしまうのではないかと私には思えるのです。

カーボンニュートラル論（CO_2排出の正味ゼロをめざすという政策論）では土の形成についてのみどりの地球史は十分には説明できません。

植物の光合成の働きによって大気のCO_2は命の営みに参画するようになります。植物は太陽光の恵みを受けて、H_2OとCO_2を原料とした光合成によって炭水化物を生産し、またO_2を大気に放出し、生き物たちはそれを使って、さまざまな命の営みを展開し、その後にCO_2を再び大気に放出します。しかし、こうしたプロセスの結果は収支ゼロではありません。有機物の少しの剰余が地表に残される仕組みがつくられていて、それが土の普遍的な形成となっていきました。そしてそのように形成された土が基盤となってみどりがさらに広がり、みどりの地球の確立へと展開してきたのです。こうして形成されてきた土こそ生物多様性の本源的拠点となってきました。これらのことがみどりの恵みということなのだと思います。

〈補足２〉窒素過剰問題について考える

最後に、補足して現代農業で出現した窒素（N）過剰問題について、少し解説したいと思います。

前に述べたように、地球生物史のこれまでの研究では、生命は浅い海のなかで誕生したと推定されています。その頃の原初的生きものは全身が海水の中にあり、海水と代謝交流して生きていただろうとされています。

そうした生き物のなかから、海の上の大気との代謝交流の能力を獲得した系統が進化発現していきます。

大気中の炭酸ガス（CO_2）を取り込み太陽光のエネルギーを使って炭水化物を生産する光合成の能力を獲得した原生生物の系統が、その後、植物として進化しました。植物は光合成の結果として酸素（O_2）を大気中に排出し、地上で生きる生き物たちの呼吸の普遍的条件も作り出します。

また、別の系統の原生生物は大気中の窒素ガス（N_2）を取り込みアンモニアなどの窒素化合物を作る能力を獲得します。これは植物に進化した系統とは別の原生生物でした。

CO_2を取り込む能力を獲得した植物も、N_2を取り込む能力を獲得した原生生物も、それらの能力を発揮して地上に這い上がります。

植物の大気との代謝交流＝光合成の生産力は圧倒的で、これが地上生物世界の展開のベースとなっていきます。

しかし、植物にはN_2からアンモニアを合成する能力はなく、細胞形成に必要なNはいつも不足がちで、N供給については基本的にはN_2からアンモニア合成ができる微生物に依存して生きることになります。マメ科植物の根粒バクテリアとの構造的共生はよく知られています。

こうしたことから地上の生きもの世界では「炭素（C）は潤沢だが、窒素（N）は不足しがち」という構造的なあり方が作られてきました。

植物の体についてみると、CとNの比率は、Cが10～20に対してNは１程度が普通です。稲ワラなどではCが100に対してNは１程度です。マメ科植物の場合にはC10に対してN1くらいの比率となります。しかし、地上の植物界全体として見れば、マメ科植物は特別なあり方だと考えておいた方が良いようです。

動物や微生物はC5に対してN1程度です。

Nについては、アンモニアを分解してN_2として大気に戻す脱窒という働きをする微生物の系統も進化し、地上の土壌中のNはあまり大きくならない仕組みも作られています。なお、N_2からのアンモニア合成については雷などによってもなされています。

Cについても植物の体の炭水化物は、植物の死後に有機物として微生物や動物の餌となり、CO_2として大気に戻されますが、植物の光合成の能力がとても大きいので、その一部は直ちに分解されずに残り、腐植として土壌を形成していきます。

こうしたことから大気との代謝交流という豊かさを獲得した地上の生物世界では、多くのCと少しのNが通常の普通な、別の言い方をすればそれが地上の生物世界の正常なあり方となってきました。

植物では光合成は、自らが生きるためのエネルギー生産というだけでなく、セルロースを軸とした体作り（細胞壁形成）に大きな意味がありました。植物においては自ら光合成で獲得した炭水化物を、消費するだけでなく、生長しながらその相当部分をセルロースとして蓄積していくのです。それに対して、食を植物や微生物に依存して生きていく動物の場合は、体作りは細胞壁ではなく、殻や骨によるところが大きく、植物が生産した炭水化物はもっぱら運動のためのカロリーとして消費されていきます。ですから体のCとNの比率は植物と比べるとNの位置づけが相当に大きくなります。

植物や微生物を食べて、積極的に移動して運動する動物は、植物と微生物が形成していく在地性の強い地上生きもの世界に、ダイナミックな平準化作用を及ぼしていきます。カロリー消費を軸とした動物たちの活動は、地上生きもの世界において、構造形成という役割よりも、主にアクセルとハンドルの役割を果たしてきたとも言えるように思います。

こうした地球史的な自然界の仕組みのなかにあって、人間たちが地球史的に見ればごく最近になって化石エネルギーの大量利用とハーバー・ボッシュ法による大量なアンモニア生産を出現させます。それが自然の地球史的なあり方に大きな異変を生じさせ、今日の地球環境問題が作られてきてしまったという訳です。こうして考えてみれば、ここで求められる対策の基本方向は、従来の地球史的に安定した自然の仕組みを取り戻すことしかないように思います。持続可能性回復への道は、とてもたいへんなことではありますが、自然回帰、自然回復だと考えるべきでしょう。

植物の生産力の基礎は、光合成であり、炭水化物の自家生産が自前の能力なので、植物には自給自足的な生活能力があります。生きるために追加で必要とされる少しのミネラルは地殻から土壌に供給され、また、Nについても微生物からの供給がありますから、植物はそれらも利用しながら、無施肥でゆっくりと育つというあり方が正常だということになります。ミネラルやN化合物は土壌の粘土や腐植にキープされ、生き物たちへの少しずつの安定した供給が実現していきます。

植物の生産力が主導してきた地上の生きもの世界にはこんな仕組みがありますから、外部からのN化合物供給（N施肥）は生育促進に効果がありますが、それは自然としては不正常なことで、その追求の累積は自然のバランスを大きく壊してしまうのです。

あとがき

「地球温暖化」はCO_2などのいわゆる温暖化ガスの急増が直接の原因だとされています。しかし、温室効果ガス急増は、一つの結果であって、ほんとうの問題は、それだけではなく、人間社会と自然とのさまざまな齟齬や離反の拡大にあったこともすでに明確になっています。その大きな齟齬や離反は、18世紀末頃の産業革命から始まり、決定的には20世紀中頃以降の社会経済の急激な変化全般に問題があったことも明らかです。イノベーション、技術革新はいつもその齟齬や離反を加速させてきました。

私たち自身の暮らしの場面のこととして振り返ると、衣食住、仕事や地域社会の日常のなかで、自然との係わりが希薄となってしまってきたことに問題があったなと気付かされます。CMなどでは、豊かな暮らしへの夢がさまざまに語られてきましたが、そのほとんどは自然からの離反の促すものでした。そしてそれらの多くはイノベーションや技術革新の成果だと語られてきました。

私たちには、しかしいま、ここで一歩立ち止まって、暮らしの現場における、そうしたあり方を見直してみることが求められているように感じます。

暮らしの個々の場面で、自然からの離反ではなく、自然との係わりを少しずつでも回復していくこと、そのことがいま切実な課題になっているように感じます。

しかし、それは現実にはなかなか難しいというのが率直な感想でしょう。

ちょうど1年前に、私たちはBSプレミアムでやまだ農園の「茅葺きライフ」の映像に出合いました。彼ら、彼女らの健気で楽しげな農の取り組みに共感し、「懐かしい未来」のメッセージに心を動かされたのだと思います。

この本の解説編第Ⅱ部では、やまだ農園とみんなの広場のみなさんの諸活動、自然とともにあろうとする農の諸活動を、森、原、農地、そして暮らしの４つの場面に切り分けて解説してきました。その４つの場面は、農村地域における生態系の主な場面です。

森では「がしゃっぱ農業」が、原では「茅屋根農業」が、農地では「雑草農業」が、地域の暮らしの場面でも自然とのつきあいがさまざまに掘り起こされつつあります。その取り組みは、いずれもまだ開始後間もないことなのですが、すでに嬉しい手応えが見えてきていることもある程度ご理解いただけただろうと思います。

暮らしにおける自然との共生の回復の取り組みに関しては、いま、農業・農村に先端的場面があり、そこには現実的な可能性が開かれているようです。なかでもこの半世紀ほどの時期に盛んになってきた有機農業、自然農法などの取り組みがその先陣を切りつつあることは確かだと思います。やまだ農園もそうした自然と共にあろうとする農業運動のユニークな一員です。

有機農業、自然農法は、安全で美味しい食材の提供としてお馴染みになってきています。その取り組みは、より良い食材の生産というだけでなく、自然と共にある農のあり方の回復、自然と結びあった自給的な暮らし方の回復としてもさまざまに展開されており、それは少しずつですが、現実的成果を生み出しつつあります。

都市で暮らしている方々も、先ず食べることで有機農業や自然農法と接することができますが、それだけでなく、その生産者たちとつながることで、そして田舎の地に出向くことで、そんな農業に参加していく道は開かれています。「懐かしい未来」はファンタジックなイメージとしてだけでなく、間近な現実としても始まっているのです。

この本を読んでそんな農への誘いを感じていただければ幸いです。

私は、有機農業や自然農法の取り組みは「自然と共にある農業」への模索として整理できるという趣旨の本を、一昨年1月に出版しました（『「自然と共にある農業」への道をさぐる——有機農業・自然農法・小農制』筑波書房、2021年）。その本は、私の農学者としての歩みの一つの総括としてまとめたものでした。今回の本は私にとっては、その後の実践編と位置づけられるものです。

共著者の山田晃太郎君、麻衣子さんとは、20年ほど前、茨城大学農学部（茨城県阿見町）で出合いました。その頃、私は、大学の教員をしており、学生たちや地元のみなさんと一緒に、大学の近くの耕作放棄された谷津田源流地域で、農と自然の再生活動に取り組んでいました。「うら谷津再生プロジェクト」というボランティア活動で、山田君も麻衣子さんも、その時に学生として中心的に活躍してくれました。当時の活動の概要は『地域と響き合う農学教育の新展開——農学系現代GPの取り組みから』（中島編著、筑波書房、2008年）に報告してあります。

山田君らは、その後、私が住んでいる石岡市旧八郷町で就農されました。お二人とはそんなかなり長いご縁があってここまできています。第Ⅰ部でも記されていますが、やまだ農園、みんなの広場の諸活動の多くは、20年前の「うら谷津再生プロジェクト」での諸活動に原型がありました。

この本は、広く考えれば私たちの20年来の諸活動の中間報告でもあります。

今回のBS番組のハイライトである茅葺き屋根との出会いに関連しては、この道の泰斗である安藤邦廣さん（筑波大学名誉教授）との再会がとても嬉しいことでした。40年近く前になりますが、私が八郷町に転居して間もなくの頃、安藤さんはこの地域の茅屋根についての詳しい調査をされていて、私の隣家に優れた茅手職人だった山崎さんがおられたことのご縁で、私の家にもおいで下さいました。先生とのお付き合いはその時はそれだけでしたが、今回、やまだ農園の茅屋根のことで、再会できて、茅屋根保全について、たいへんていねいなご指導をいただいています。なんとも嬉しいことでした。

やまだ農園が開始されてから６年、さらには20年ほど前のうら谷津再生活動以来、そして、40年近くになる地元八郷町での暮らしのなかで、たくさんの方々のご厚情をいただいてきました。一つ一つを記すことはできませんが、そのいっさいに深く感謝いたします。

出版事情がとても厳しい時が続いていますが、今回もまた、私たちの活動報告の出版を快く引き受けて下さった筑波書房、社長の鶴見治彦さんに深く感謝します。

2023年８月　中島紀一

著者略歴

■**山田晃太郎**　埼玉県三郷市出身。茨城大学農学部卒。会社員（日本農業新聞カメラマン）を経て2016年に茨城県石岡市恋瀬地区（旧八郷町）に移住。2017年に新規就農。妻の麻衣子と共に「やまだ農園」をはじめる。個人宅配を中心に里山農業を営む。

■**山田麻衣子**　静岡県富士市出身。東京農業大学農学部卒、茨城大学大学院修了（農学研究科）。夫の晃太郎と長女・花、二女・かや、三女・春の三人の娘と共に、自然に囲まれて農家暮らしを送る。

■**中島紀一**　埼玉県志木町出身、1947年生まれ。東京教育大学農学部卒。東京教育大学助手、筑波大学助手、農民教育協会鯉淵学園教授などを経て2001～2012年茨城大学教授（農学部）。現在は茨城大学名誉教授。日本有機農業学会会長を務めた。専門は総合農学・農業技術論。1986年茨城県八郷町（現在の石岡市）に移住。

主な著書　『「自然と共にある農業」への道を探る』（筑波書房2021）、『野の道の農学論』（筑波書房2015）、『有機農業の技術とは何か』（農文協2013）、『食べものと農業はおカネだけでは測れない』（コモンズ2004）など。

やまだ農園連絡先　yamadayamadanouen@gmail.com
中島紀一連絡先　kiichi.nakajima.ag@vc.ibaraki.ac.jp

やまだ農園の里山農業
～懐かしい未来を求めて～

2023年10月27日　第１版第１刷発行

著　者　山田晃太郎・山田麻衣子・中島紀一
発行者　鶴見治彦
発行所　筑波書房
東京都新宿区神楽坂２－16－５
〒162－0825
電話03（3267）8599
郵便振替00150－3－39715
http://www.tsukuba-shobo.co.jp

定価はカバーに示してあります

印刷／製本　平河工業社

ISBN978-4-8119-0664-5 C0061